宝宝，吃辅食啦

芒小果MAMA的
创意辅食

芒小果MAMA/著

湖南科学技术出版社

亲爱的读者:

当你捧起这本书时,我想:

你也许是一位新手妈咪,和当初的我一样在给宝宝添加辅食这件事情上困惑不已,在育儿信息的海洋中不断寻找辅食攻略却很难找到适合自己的方法;

也许你和现在的我一样是一位全职妈咪,乐于下厨制作宝宝的辅食却对每天千篇一律的食谱头痛不已;

也许你是一位上班族妈咪,工作之余想给宝宝亲手制作爱心辅食却又不知从何做起;

也许你的宝贝和我家的芒小果一样,是个调皮的、不爱吃饭的小孩,为了让宝宝吃饭你花费了大量的心思和精力却收效甚微;

也许……

无论你是哪一种情况,在喂养方面有着怎样的烦恼,我想我们都一样,有着对宝宝无限和无私的爱。能够让宝宝吃得健康,吃出好身体想必是每个妈妈都有的心愿。如何将这无限的爱化为既营养又可口的宝宝美食,希望我的经历和经验能够带给你一些启发和帮助。

芒小果是龙年出生的宝宝,写这本书的时候她1岁7个月。在她出生后不久我就生了一场大病,各种原因导致我不能给宝贝最好的食物——母乳。为了尽量弥补这个缺憾,我暗下决心一定要给她做出搭配科学合理、营养美味且最适合她的辅食。凭着这份浓浓的爱,我开始自学营养学方面的各类知识,通过相关知识的运用和对食材的充分研究,搭配芒小果每日的营养辅食,我坚信:科学健康的食材搭配,丰富多彩的花样食谱能够在一定程度上提高宝宝对辅食的兴趣,同时获得最佳的营养,并使宝宝的智力水平得到最大程度的开发,让宝宝更聪明、更健康。

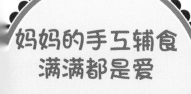

前言
Preface

　　我并不是专家，但我非常愿意分享自己在宝宝喂养及辅食制作方面的经验和心得，每当看到博客、微博上我的辅食食谱受到妈妈们的肯定和赞扬，尤其是那一张张宝宝爱吃的照片反馈和那一声声真挚的感谢，我的心里便充满了幸福和喜悦。你们的支持和鼓励让我拥有了无穷的动力，也拥有了将芒小果的辅食食谱编写成册分享给更多妈妈的机会。希望这本书能够帮助到正在为辅食发愁的新手妈妈们，轻松完成这充满爱与幸福的辅食之旅。

　　这本书的完成要感谢的是这段时间支持我爱护我的家人们，是你们的爱推动着我不断向前。

　　愿天下所有的宝宝都能够吃上满满都是爱的妈妈牌辅食，获得最佳的营养，健康茁壮地成长！

芒小果MaMa

妈妈的手工辅食
满满都是爱

目录

11~14 个月：大颗粒状辅食

15~18 个月：小块状辅食

19~24 个月：块状辅食

第一章

常用工具

工欲善其事，必先利其器。要为宝宝制作各种百变花样又营养美味的辅食，还需要用到各类工具哦。有哪些工具是制作宝宝辅食必不可少的，又有哪些是方便实用的呢？什么样的工具可以帮助我们做出可爱的形状？选择宝宝餐具需要注意什么呢？快来跟芒小果妈妈一起挑选吧！

一、常用的厨房用具

菜板、刀具

制作宝宝辅食应该有专用的菜板及刀具，并且生、熟分开，避免造成交叉污染。

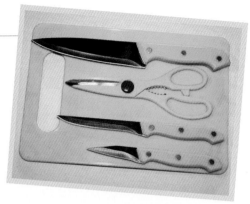

擦丝器

可以快速将较硬的蔬菜食材处理成细丝或碎渣状。

过滤勺

用来过滤食物渣滓，如过滤鱼汤中的鱼刺。

擀面杖

制作手工面条、饺子皮、馄饨皮、馒头等必需的工具。

研磨碗

可将大块的、颗粒的食物碾压磨成泥糊状，制作少量泥糊类辅食时非常实用。

小炖锅

小容量、低功率的小炖锅，用来给宝宝煮粥、焖饭、炖汤十分方便，隔水炖物也很好。

蒸锅

宝宝辅食多采用蒸、煮的方式，蒸锅必不可少。

不粘锅

尽量选用不含涂层的不粘锅，它可减少油烟，降低食物烧糊、烧焦的几率，尤其是做有关鸡蛋类的辅食。

二、选配的厨房用品

初级版

比较常用且经济实用的，主要是将食物处理成较细腻的泥、糊、粉的工具。

料理机

具有干磨、搅拌、绞肉等功能，制作量多泥糊类辅食或处理食材形状的必备工具。

搅拌棒

相当于手提式的料理机，可以方便地直接伸入锅、碗、杯中，将食物打成泥糊状，但其细腻程度略逊于料理机。

磨豆机

适合干磨各种硬质食材，可用来制作豆粉、米粉、坚果粉等。

辅食机

比料理机多了蒸的功能，可以快速蒸熟少量食物，也可以将食物处理成泥糊状，但食材较少时，搅拌效果稍差。

中级版

可以用来给宝宝制作一些零食和点心等。

打蛋器

烘焙或制作点心时打发蛋清和奶油的必备基础工具，如果没有电动打蛋器，手动的蛋抽也可以，只是打发的过程较为费力。

烤箱

一种密封的用来烤食物或烘干食品的电器，可以制作面包、披萨、饼干之类的点心。

三、可爱的造型工具

小宝宝们都是视觉系生物，食物的色、香、味、形对宝宝的食欲有着一定的影响。如果妈妈们能够借助一些小工具或是发挥自己的想象力改变食物的形状，这对探索性极强的小宝宝们来说非常具有吸引力哦。

硅胶模具

优质的硅胶模具安全性较高，像婴儿奶嘴一般都是硅胶材质。硅胶模具耐热温度大多在 −40℃ ~200℃，可以广泛使用在烤箱、微波炉、蒸锅内，可用来制作各种形状的蛋糕、米糕等。

饼干模具

一般为食品级塑料或不锈钢制成的各种形状的压、切工具。可以在制作饼干、蛋糕、馒头、面包等的过程中对面团进行造型或将果蔬切割成可爱形状，有些也可以作为饭团模具使用。

饭团模具

　　一般为食品级塑料制成的各种可爱形状，可以对米饭、面团、水煮蛋等进行造型。该材质耐热温度大多在0℃~80℃，不能加温使用。

四、实用的宝宝餐具

宝宝餐具应尽量选择轻巧、不易碎、安全的材质，如优质不锈钢、硅胶、竹木、食用级塑料等。准备一些比较实用的、宝宝喜欢的可爱餐具，对提高宝宝吃饭的积极性有一定作用。

勺子

从左到右依次为塑料勺、不锈钢勺、木勺、硅胶勺、竹勺，刚开始吃辅食的宝宝可选用较软的硅胶勺，随着宝宝成长，可以更换其他材质的勺子。

保温碗、吸盘碗

冬天气温低，辅食做好后因宝宝吃得慢而容易凉，注水的保温碗对于减缓食物温度降低有一定帮助；吸盘碗可以吸在桌面上，适合宝宝自己吃饭时使用。

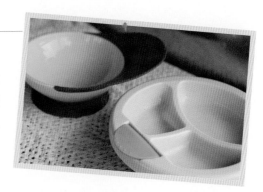

餐碗、水杯

有着可爱图案的餐碗及水杯，可以吸引宝宝的注意力，提高宝宝吃饭的积极性。

第二章

芒小果妈妈的辅食喂养经

随着宝宝的逐渐成长，爸爸妈妈肯定都急着给他们添加辅食，可什么时候添加辅食、添加什么、怎么添加、如何制作辅食呢，老人的经验和建议能够照搬到宝宝身上么？其实，在芒小果添加辅食这件事情上我和果奶奶曾经也有不少分歧呢，后来经过自己的不断学习和摸索，也听取了果奶奶的一些经验，我逐渐养成了自己的一些喂养习惯，也积累了一些经验，妈妈们赶紧和我一起做功课吧。

一、辅食添加的 3W 原则

辅食添加要点一（When）：
既不能过早也不能过晚。

当你发现宝宝有了以下行为时，是时候给他添加辅食了：

1. 抱着宝宝时或在其他外力的支撑下他能地竖起头和脖子

2. 大人吃饭时宝宝会盯着看，并对食物产生兴趣，口水明显增多，甚至流个不停

3. 能够吞咽，挺舌反应消失（即不再用舌头将勺子、食物等顶出口腔）

一般情况下宝宝出现以上反应，是在 6 个月左右，当然每个宝宝都是独特的个体，也会有所不同。综合权威组织的建议"在母乳或配方奶提供的营养基础上，6 个月以上的宝宝可以合理添加一定的辅食"，我从芒小果 6 个月开始给她添加辅食。过早（4 个月及以前）添加的话，宝宝的消化系统还没有发育成熟，这时添加辅食会让宝宝的各项器官负荷过重，容易引起过敏、腹泻等问题。过晚（8 个月及以后）给宝宝添加辅食，则宝宝不能及时补充到足够的营养。比如，如果宝宝超过 6 个月不添加辅食的话，则母乳中的铁不能支持宝宝发育的全部所需，宝宝就可能患缺铁性贫血。另外，6 个月左右大的宝宝进入味觉敏感期，合理添加辅食可以让其接触到多种质地和味道的食物，这对日后避免其偏食、挑食有帮助。

辅食添加要点二（What）：
根据宝宝发育需要选择添加的食物。

首先， 从高铁食物开始添加，首选强化铁米粉。

宝宝，尤其是母乳宝宝在满 6 个月以后尤其是母乳宝宝，单纯的母乳或配方奶已经不能满足宝宝身体对铁的需求，因此辅食应从高铁食物添加。

建议先添加单一谷物成分的、强化铁的婴儿米粉，市售各种品牌的婴儿米粉都是不错的选择，但选购时注意仔细阅读配料表。

其次， 合理搭配每日辅食，尽量确保宝宝的每日食谱中包含了以下 5 类食物：谷物、蛋白质（各种肉类、豆类）、蔬菜、水果、奶和奶制品，保证宝宝每日膳食结

构的均衡。

　　我认为，蛋黄、菜水、果汁是宝宝最初添加辅食比较糟糕的选择，而这些恰恰又是老人们传统的观念与做法。为了让爷爷奶奶更好地接受科学喂养的观念，我们要肯定老人对宝宝的爱和关心，感谢他们的辛勤付出，但同时要向他们详细解释传统做法可能带来的坏处：

　　如果第一口辅食是蛋黄，因为蛋黄中的铁并不好吸收，过早添加会让宝宝的消化系统负担沉重，使得其消化功能紊乱，容易导致腹泻。一般建议宝宝8个月时再添加蛋黄。

　　如果第一口辅食是菜水，一方面宝宝习惯了喝菜水而影响正常饮水，另一方面菜水缺少膳食纤维和蔬菜中的维生素及矿物质，且菜水留下了蔬菜中的农药残留，有百害而无一利。

　　如果第一口辅食是果汁，同样果汁损失了大量的膳食纤维，又因为其含糖量高、口味好，宝宝容易多喝从而影响正常饮水量，也会影响其对水果的兴趣，还可能会带来肥胖、龋齿的隐患。

辅食添加要点三（How）：
循序渐进添加新食材，逐步达到多样化。

　　从一种到多种：每次只添加一种新的食材，仔细观察两三天有无过敏反应，如果正常则逐渐加量并尝试新的食材，如果宝宝出现过敏反应，则应立即停止添加这种食材，3个月后再进行尝试。

　　从少量到多量：虽然每新添一次食材都要谨慎观察，但不要因为怕过敏而使宝宝的辅食局限在少数食材内。多项研究表明食材多样化能有效降低宝宝1岁后过敏的几率以及长大后挑食的几率。多样化的饮食能够促使宝宝对各种食物产生兴趣，这样一来他们就能广泛摄入各类营养物质，达到营养均衡的状态。

　　由稀到稠，从细到粗：给宝宝的辅食，应逐从稀到稠，从泥糊类食物开始，逐渐过渡到小颗粒状食物，再到大颗粒状食物，最后到块状食物。可从米汤、烂粥、稀粥逐渐过渡到软饭。辅食的形状应从细到粗，让宝宝逐步适应。可逐渐试喂细菜泥、粗菜泥，到碎菜、煮烂的蔬菜。

单独制作： 宝宝的辅食，要单独制作，家长不能只图省事，随便给宝宝吃大人的食物，这样会引起宝宝不消化和营养不良。要为他们准备容易消化吸收的食物，制作过程要安全卫生，防止宝宝吃进不干净的食物而导致腹泻等。另外，宝宝的食物最好现吃现做，不给宝宝吃剩下的食物。

无盐、低糖： 宝宝的味觉正处于发育过程中，对外来调味品的刺激比较敏感。另外，1岁以内的宝宝身体器官并未发育完全，过多添加盐和糖会加大其肾脏等器官的工作量，反而对身体带来不利影响。

很多人会问我芒小果如今都1岁多了，完全可以和大人吃一样的啊，还要单独制作么？面对这类问题，我的答案依旧是肯定的。理论上来说，大人饭菜所用的食材宝宝是完全可以吃的，但大人的食物对于肠胃发育并不完善的宝宝来说肯定是难以消化吸收的，而且大人食物油重、盐重、辛辣，更不可能让宝宝吃。芒小果的食物虽是单独制作的，但也经常和大人同时吃饭，这样有助于减少"搞特殊"对宝宝建立规律的饮食习惯带来的影响。

另外，妈妈制作的宝宝辅食总被家里老人埋怨说太淡，所以宝宝才不爱吃，或者说不给宝宝吃盐他会没有力气。其实不然。婴儿食物中的钠已经足够宝宝身体利用的。对于已经吃添加食盐辅食的宝宝，可采取逐步减少食盐量的方式，直至孩子接受无盐食物。

二、制作辅食常用的食材推荐

1、杂粮

豆类

经常会听到一种说法，就是儿童不能吃粗杂粮，必须吃精白细软的食物。有些医生说，因为粗杂粮里有膳食纤维和植酸，会妨碍矿物质的吸收利用，引起贫血、缺锌之类问题。

其实，适当吃一些粗粮杂粮，能让儿童的牙齿得到更好的发育，也能够得到更多的营养成分。这是因为，粗杂粮食材的营养价值高，特别是维生素和矿物质含量通常高达精白米的3倍以上。尽管粮食在精制之前的确植酸含量高一些，但是它的矿物质总量更多，能弥补吸收率降低带来的损失。另一个需要解释的问题是，吃粗粮引起营养不良，主要是在不吃动物性食品的情况下，纯素食当中的铁、锌利用率的确比较低，除非经过发酵处理。但是，只要能够吃上鱼、肉等动物性食品，就不必产生这种担心。

儿童可以吃杂粮，那么婴幼儿呢？我曾咨询过健康教育专家范志红老师，她说，1岁左右的婴幼儿就可以接触杂粮了，可先从易消化的糊糊开始，与白米、白面按各一半的比例，只要宝宝的消化系统不出什么问题就可以一直喝下去，另外，只要平时注意粗、细粮的合理搭配就可以。

糙米

糙米是指脱壳后仍保留着一些外层组织，如皮层、糊粉层和胚芽的米，由于口感较粗，质地紧密，煮起来也比较费时。与普通精制白米相比，糙米更富有维生素、矿物质与膳食纤维，是一种绿色健康食品。

宝宝在添加辅食之后可以添加糙米粥，糙米也是最不容易过敏的食物之一，可以与很多食材组合搭配。

另外，由于普遍糙米保留了外层组织，其表面残留的农药较多，因此建议大家尽可能买有机糙米。如果将糙米打磨成糙米粉，请密封储存并最好储存在冰箱内。

藜麦

藜麦主要有黑、红、白几种颜色，其中黑色、红色的籽粒较小，白色的口感较好。

藜麦作为植物却含有动物才具有的完全蛋白，非常少见。

它不含麸质，可供麸质过敏人群食用。对于刚吃辅食的婴幼儿来说，藜麦是不错的选择，可减少对辅食的不适应性，还能提供全面的营养。

藜麦非常好储存，且吃法比较多，若提前用水泡发芽后再来制作食物，营养价值又会有所提高。

燕麦片

燕麦片是燕麦粒轧制而成，煮熟口感粘稠，据研究，同量的燕麦煮出来越粘稠则越具有保健功能。

在选购燕麦片时大家一定要仔细看清楚配料表，并且要分清"燕麦片"和"麦片"的区别。麦片是多种谷物混合而成，如小麦、大米、玉米、大麦等，其中燕麦片只占一小部分，甚至根本不含燕麦片。国外的燕麦片产品喜欢加入水果干、坚果片、豆类碎片等，国内的燕麦片产品则喜欢加入麦芽糊精、砂糖、奶精、香精等。相比之下，加入水果、坚果和豆类的较为健康，可以丰富膳食纤维的来源；加入砂糖和糊精等会降低营养价值，不利于健康。

鹰嘴豆

　　因其面形奇特，尖如鹰嘴，故得此名。鹰嘴豆粉有板栗香味，其加入奶粉制成豆乳粉，易于吸收消化。

　　鹰嘴豆所含的营养成分非常丰富，与其他豆类相比在蛋白质功效比值，消化吸收率方面都属最高，有"豆中之王"的美称。而且，它还是一种很好的氨基酸补充剂哦，有利于宝宝骨骼生长和智力发育呢。

2、奶及奶制品

牛奶

　　由于牛奶中含有易致敏的牛奶蛋白及乳糖，因此牛奶不适合1岁以下的婴幼儿食用。1岁以上仍以母乳或配方奶为主，偶尔用牛奶制作辅食或作为甜品、点心的配料是可以的。

酸奶

　　酸奶是以新鲜的牛奶为原料，经过巴氏杀菌后再向牛奶中添加有益菌（发酵剂），经发酵后，再冷却制作的一种牛奶制品。

　　由于酸奶中的乳酸菌已基本将牛奶中易致敏的牛奶蛋白及乳糖分解，大大降低了宝宝过敏的风险，因此目前国内外都推荐宝宝8个月就可以添加酸奶。但注意在选购成品酸奶时一定注意阅读配料表，不建议给宝宝食用超市购买的添加剂、蔗糖较多的那类酸奶，自制原味酸奶是比较好的选择。

奶酪

　　奶酪按照加工方式分为原制奶酪和再制奶酪，原制奶酪是使用奶原料直接制作而成，再制奶酪是根据消费者的口味与偏好在原制奶酪的基础上再次加工，添加了各种营养强化剂、调味素等。

奶酪在制作过程中，会将容易致敏的牛奶蛋白分解，降低过敏风险。我在购买奶酪的时候主要参考这样的标准——尽量选择原制奶酪，同时含盐量低的。

网上有很多代购奶酪的，不过因为奶酪大部分都要求冷藏保存，所以一般都建议在当地的超市购买。

3、油脂类

给婴幼儿选择什么烹调油困扰着不少妈妈们，其实没有必要一定给宝宝吃最好、最贵的油。因为不同种类的油具有不同的特点，没有哪一种是完美的。同时，再好的油也不是越多越好。

如今市场上各种优质烹调油的种类很多，如初榨橄榄油、核桃油、芝麻油、亚麻籽油这类低温烹调油，以及大豆油、玉米油、葵花籽油等，它们交替着使用都是不错的选择。

第三章

超人气零基础辅食制作教程

除了辅食，日常的一些即食食品如馒头、肉松等，半成品如面条、馄饨皮等也可以适当给宝宝添加。从外面买来的不放心，因为你不知道其原材料是否安全，制作过程是否混入其他不适合婴幼儿的添加剂。自己动手做出来才是相当有成就感哦！

一、满满都是爱的
手擀面条和面片

　　市售的成品面条大部分含有盐、碱等并不适合 1 岁内宝宝的添加剂，并且口感也不尽如人意。妈妈们何不试一试自己动手擀面条呢？宝宝的食量很小，妈妈只要抽出一点时间做一次，就够宝宝吃好几顿了，自制的面条、面片既放心又健康，如果擀得薄薄的，吃起来口感也会非常好，妈妈们如果时间充裕，还可以利用果蔬的天然色彩制作彩色面条或小面片，宝宝一定喜欢吃。制作面条的过程中还可制作馄饨皮、饺子皮呢。

手擀面条

材料

普通面粉（中、高筋）
50g ，清水 25g

做法

1. 取面粉放入干净容器内，加入清水搅拌使面粉与水完全混合，成为絮状。

2. 将水面混合物揉成均匀的面团，用干净的湿布或保鲜膜将面团盖住，醒15分钟。

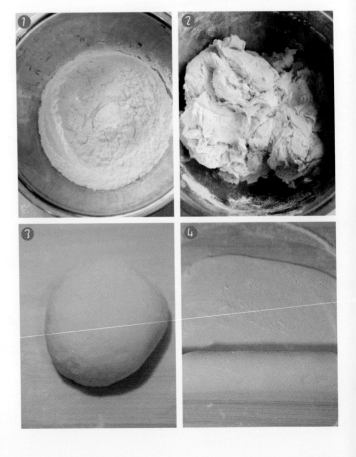

3. 案板上撒干粉防粘，将面团揉成光滑的球状。

4. 压扁面团，用擀面杖来回滚压，直至擀为较厚的面片。

5. 在面片两面充分撒上干面后，将面片卷在擀面杖上来回擀，擀的过程随时注意打开裹在擀面杖上的面片以检查干面粉量并补充，防止面片在越擀越薄的过程中粘在擀面杖上。

6. 反复进行第 5 步直至面片达到想要的厚度。

7. 边打开卷着的面片边折叠，使面片成为层叠状。

8. 将面片切成面条。

手擀面片

　　制作手擀面片的材料与手擀面条的相同，其做法与手擀面条前 5 步的做法一致，但之后的则有所不同。

做法

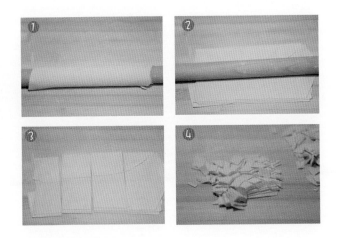

1. 在进行完手擀面条做法的前 5 步后，不用打开面片，直接用刀横向沿着擀面杖中线划一刀，使卷着的面片分开成为约 10 厘米的长条面片。

2. 将长条面片几等分后，继续改刀成正方形的馄饨皮。

3. 继续将馄饨皮切成 1 厘米左右的小方块或菱形就得到了小面片。

Tips

1. 可在面条、面片里加鸡蛋，建议只加蛋黄，因为蛋清加到面里煮出来的面太劲道。

2. 水和面的比例大约为 1:2，因为不同面粉吸水性不一样，请自行调整水、面比例，面团不要太软也不要太硬，以擀的时候不费劲为宜。

3. 吃不完的新鲜面条、面片可在干燥通风处风干或用烤箱烘干，完全干燥的面条可以保存半年。

4. 制作饺子皮的话，前面 6 步同于面条，最后只需将模具或杯子、奶瓶口等在面皮上按压出圆形饺子皮即可。

二、可爱可口的猫耳朵

　　猫耳朵是一种面食。因形似猫耳故名"猫耳朵"。北方地区一般作为主食，而在南方地区多作为点心和小吃食用。其实，只要把猫耳朵搓得薄一点小一点，也是非常适合作为宝宝辅食的。要知道同样的食材换个形状宝宝就会很喜欢，听到"猫咪耳朵"宝宝一定会很感兴趣的。

材料

参考面条材料配比，面粉除了用小麦面，还可以加入荞麦、玉米面等粗粮，而且可加入不同颜色的蔬果汁制作五彩猫耳朵。

做法

1. 前 3 步同于手擀面条。

2. 压扁面团，用擀面杖来回滚压，擀为约 0.4cm 厚的面片。

3. 切成 0.8cm 宽的长条并撒干面粉防粘。

4. 继续将长条切为小块。

5. 用手指（拇指搓的更好看）压着小面块均匀用力往后搓，直至小面块变为卷曲内凹的猫耳朵状即可。

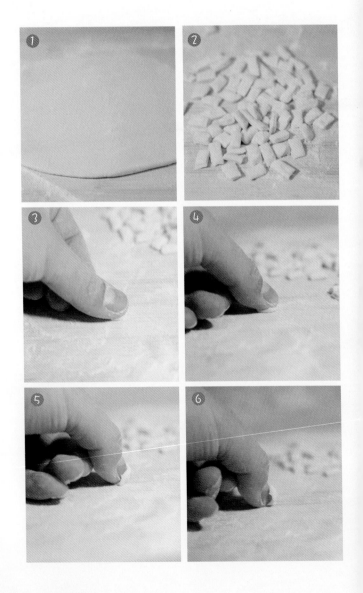

🌱Tips

1. 第 2 步的面片厚薄可以自行调整，薄一点搓出来的猫耳朵更薄不易定型，太厚的话煮出来的口感比较 Q。
2. 做好的猫耳朵可煮可炒，可以搭配任意蔬菜、肉类等。

三、卡通多味松软小馒头

经过发酵的面团松软易消化，同时可以制作或切割成各种形状，是宝宝手指食物的最佳选择之一。另外，妈妈们可以根据宝宝的喜好利用模具做出各种可爱形状或多种色彩的小馒头。

材料

清水 140g，即溶酵母 3g，
普通面粉 250g

做法

1. 称量所需面粉、清水及酵母。

2. 酵母放入适量温水充分搅拌溶化后倒入面粉，用橡皮刮刀搅拌至成为絮状。

3. 用手揉搓成光滑面团，盖上干净布或保鲜膜在室温环境里放置温暖处醒发。

4. 当面团体积明显增大至原来的 2 倍左右时，取出放在案板上。

5. 轻揉面团，并擀成厚约 1cm 的长方形面片，在其表面均匀涂上清水。

6. 将面皮从短端卷起，卷成圆柱体，然后从面团中心向两边轻轻揉搓，让其形成粗细均等的直圆柱，太长的话可切成两段。

7. 将面卷 n 等分，切成大小一致的馒头胚。

8. 馒头胚放在防粘油纸或者蒸笼布上，盖上锅盖发酵约 20 分钟，再往锅中加适量冷水，大火蒸 15~20 分钟即可。

四、营养均衡的口味小肉包

包子营养搭配较为均衡，对于具备一定咀嚼能力的小宝宝来说也不失为一种优质辅食。

材料

中筋面粉 100g，清水 50g，即溶酵母 1g，胡萝卜 30g，炒熟的肉末 30g，豆腐 30g，莲花白 20g，虾粉 5g，香油 5g，酱油少许，盐 1~2g

做法

1. 胡萝卜擦丝、豆腐、莲花白剁碎与肉末虾粉混合，加入香油、食盐、酱油搅拌均匀，若不是马上包制，需将拌好的肉馅放至冰箱保存。

2. 制作包子皮，参照馒头做法的前 4 步，将面粉、清水、酵母混合成面团放在温暖处醒发至 2 倍大小时，取出放在案板上撒少许干面粉。

3. 仔细揉搓 4~5 分钟使面团表面变得光滑，将面团分成 6 个等重的面剂子搓圆。

4. 将小面团压扁擀成中心稍厚，边缘稍薄，直径约为 8cm 的圆型面皮。

5. 将面皮光滑面放在外面，在面皮中央放上适量胡萝卜肉馅，然后用左手托着面皮，右手揪着面皮边缘一边折一边转，最后将收口捏紧。

6. 将蒸锅中的水微加热至 30℃ ~40℃ 后关火，将包好的包子放在蒸笼上加盖继续醒发半小时。

7. 发酵好后直接开火蒸 15 分钟后关火。关火后不要马上开盖，3 分钟后再掀开，以免包子表皮发皱。

五、百变花样的面疙瘩

面疙瘩是北方常吃的一种主食，做法简单又可以多样搭配，很受人喜爱。制作时如果采用不同手法做出形状各异的面疙瘩，或是添加彩色蔬菜做出各种颜色的面疙瘩，不仅营养全面，而且造型多样，宝宝会很喜欢吃的哦。这里给大家提供几种不同的面疙瘩制作法。

手搓面疙瘩

材料

面粉30g，清水数滴

做法

1. 将面粉放入干净的碗中，一滴滴地向碗里滴入清水，并迅速用手或捏、或搓成絮状面疙瘩。

2. 锅内加适量水煮开后倒入面絮煮熟。可以搭配任意配料。

 Tips

成品疙瘩小，一般为絮状，比较好吞咽，适合8个月以上宝宝小颗粒过渡期。

拨面鱼疙瘩

材料

面粉 40g，清水适量，冻干蔬菜粉（清水和蔬菜粉可以用蔬菜打浆代替，或者只用清水也行。）

做法

1. 面粉、清水、蔬菜粉混合后搅拌成均匀的稠面糊，如果面糊稍微稀一些煮出来的面鱼就会软一些，但也不能太稀，否则不能成形。

2. 锅中放入大半锅水并倒入少许橄榄油（其他油也可以），防止互相粘连。

3. 水煮开后用工具(筷子、勺子均可，最好用硅胶刮刀）将面糊弄成细条状下入锅内。

4. 面糊下完后锅内水再次煮开，面鱼疙瘩漂上来就熟了。之后可以做成汤面（继续向锅里添加其他配菜或提前炒好的料）或者捞出沥干做成拌面。

Tips

成品为鱼或长条形状，有一定嚼头，适合 10 个月以上宝宝大颗粒过渡期。

芙蓉面疙瘩

成品为非常软嫩的絮状疙瘩，比较好吞咽，但因含蛋清，故适合 1 岁以上，尤其是生病期间的宝宝。

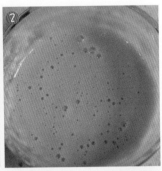

材料

鸡蛋 1 个，面粉 25g

做法

1. 面粉与鸡蛋混合后搅拌均匀，使其成为面糊糊。

2. 锅里加水烧开，将碗置于离锅 20cm 高的地方，向锅里倒入鸡蛋面糊，使面糊呈线条状缓慢流入锅内。

3. 锅内水再次烧开，面疙瘩浮上来就表示熟透了，即可关火。

🌱Tips

面粉和鸡蛋搭配，这样碳水化合物和蛋白质都有了，再搭配些膳食纤维，如蔬菜、水果，就是营养均衡的一道宝宝辅食了。

六、备受欢迎的超人气米糕

从原理上来说，快速蒸饭法借鉴了西式蛋糕的做法，应该说是用米粉代替面粉，用打发的蛋清作为膨发剂制作出来的米蛋糕，因为我用的米粉不是很细，成品往往会有碎米粒的口感，所以我将它称为快速蒸饭法。这种米糕有以下好处：

1. 简单易学，食材营养流失少，方便快速耗时短，可在 20 分钟内搞定。

2. 食材搭配可多种，辅食角色可变换：只用大米粉就是正餐，加入肉、蛋、奶蔬菜就是搭配均衡完整的一餐，加入各种水果、坚果、奶制品就是非常棒的点心或零食。

3. 形状也可因不同模具的选择而变化，能不断吸引宝宝的注意力。

4. 方便携带与储存，如果没有加肉类，外出时可提前做好，凉的也可以直接吃。

紫薯牛奶米糕

材料

大米粉 50g，蛋清 45g（大约 2 个鸡蛋蛋清），冻干紫薯粉 5g，牛奶 70ml

做法

1. 大米粉加入 40ml 牛奶搅拌均匀成为生米糊。

2. 冻干紫薯粉加入 30ml 牛奶搅拌成紫薯泥。

3. 将蛋清用电动打蛋器打至硬性发泡（蛋清泡沫细腻丰富，提起打蛋器白色泡沫会立起尖尖角，倒起碗拿蛋清泡沫不会流动不下落）。

4. 将打发的蛋清取 1/3 放在搅拌好的紫薯米粉糊碗中。

5. 用硅胶刮刀以炒菜一样的动作自下而上翻拌均匀，切记不要画圈。

6. 翻拌好为非常稠但可流动的糊。

7. 将拌好的糊装入模具或小碗，轻震模具使表面平整，蒸锅水开后放入蒸 15~20 分钟即可。

Tips

1. 大米粉可以自己用料理机或磨豆机打磨，也可以用其他米粉代替，没有米粉用面粉代替也是可以的，但用宝宝即食米粉制作效果较差，容易失败。

2. 牛奶可用配方奶、清水、果汁等替代。紫薯粉（5g）+ 牛奶（30g）可用同量紫薯泥替代。

3. 因含有蛋清，此做法不适合对蛋清过敏或是 1 岁以下未添加蛋清的宝宝，可以用蛋黄打发的方法制作，具体可参考第四

章"蔓越莓蒸蛋糕"中蛋黄打发的做法。

4. 混合打发蛋清与米糊时一定不要画圈，因为会使蛋清消泡导致米糕口感变实。

5. 各材料的用量并不一定非常严格，总体来说米粉少一些，口感会比较疏松，米粉多口感会稍硬些。

七、纯正无添加的手工肉松

　　市售肉松作为辅食虽然口感较好，但不可避免地添加了不少调味品和添加剂。虽然自己做肉松，尤其是宝宝能食用的肉松，非常耗费时间和精力，但想到宝宝能够吃上并爱上无添加的手工肉松，那是多么幸福和开心的一件事情呢。

材料

大蒜 30~50g、里脊肉150g、生姜1小块（不放任何调味料）。

做法

1. 将肉洗净切块倒入开水锅中焯一下，待肉颜色发生变化后捞出沥干，将蒜、姜切成末。

2. 锅内倒少许油，放入少许姜末、蒜末炒出香味，随后倒入肉块翻炒，炒至肉块颜色稍微变深时加入刚刚没过肉的清水煮开，续煮 2~3 分钟后关火，移至高压锅内。

3. 半小时后肉炖好，盛出并分离肉和汤。将沥干的肉及剩余的蒜末放入炒锅内煸炒至半干。炒制过程用铲子翻动和挤压肉块会使肉块变为肉丝。

4. 将肉丝放入烤箱90℃上下火烘干，直到肉丝基本干透。

5. 用料理机或磨豆机将肉丝打成肉松粉，即可得到口感疏松、入口即化的干燥肉松。

☘️Tips

1. 大蒜生食刺激辛辣，但做熟后香甜软糯。宝宝吃少量大蒜能刺激食欲，帮助消化，但不宜多吃。

2. 给宝宝炖肉可以参考第 1~3 步，制作出来的炖肉非常烂，适合宝宝食用。

3. 自制的肉松若干燥得较好，可置于密封罐在冰箱保存 1 个月。每次制作不宜过多。一般 500g 肉可以做出 180g 左右较为干燥的肉松。

八、健康天然的调味粉

虾粉

材料

淡水小虾干 50g

做法

1. 小虾干去头，用清水冲洗后沥干。

2. 大炒锅用小火加热，将沥干的虾干倒入锅中翻炒至干燥。

3. 炒干的小虾干晾凉后，放入料理机（磨豆机或辅食机也可）中打成粉。

4. 用干净、干燥的密封容器储存虾粉，冷藏保存。

 Tips

虾粉也可以使用淡干小虾皮制作，每次不要做太多，做好的虾粉密封冷藏保存，尽量在 1 个月内吃完。

坚果粉

坚果含有丰富的营养，除了优质植物蛋白和各种微量元素外，更富含各种不饱和脂肪酸，如亚麻酸、亚油酸等。这类不饱和脂肪酸对宝宝大脑和视网膜的发育很重要。而 1~3 岁是宝宝大脑和视力发育的关键期，所以适当吃些坚果对宝宝很有益处。

坚果除了比较常见的烹饪方法，如煮粥、炖汤外，还可以打成粉。每天给宝宝的辅食里添加一小勺，增加食物香味的同时使宝宝充分吸收坚果的营养。虽然坚果营养丰富，但是因为含较高油脂和蛋白质，不是很容易消化，所以给宝宝吃坚果类食物时，要注意控制量，不能一下子吃太多。一般来说 1 岁以上的宝宝每天吃一小勺坚果磨成的粉或酱，2~3 岁的宝宝每天可以吃 20~30g 坚果。

但妈妈需要特别注意的是，整颗的坚果，如各种瓜子仁、核桃仁、花生仁、开心果仁、杏仁、腰果、榛子等一定不能直接给 3 岁以下的宝宝食用，以防呛入气管发生危险！

材料

亚麻籽 50g，黑芝麻 50g，
南瓜籽 50g

做法

1. 黑芝麻和南瓜籽用水冲洗干净沥干，亚麻籽不要用水清洗。

2. 把所有食材倒入炒锅用小火焙，不断地用铲子翻动直至坚果干透，发出噼里啪啦的声音时就可以关火了。

3. 晾凉后，放入料理机(磨豆机或辅食机)中打成粉。

Tips

1. 一定要用最小火，以防坚果被炒糊。

2. 亚麻籽因富含水溶性膳食纤维，遇水会互相粘在一起，因此炒制前不要用水清洗，可用干净纱布裹起来搓一搓达到清洁的目的。

九、简单易做的宝宝酱料

清淡花生酱

材料

红皮花生200g，清水适量，
花生油20g

做法

1. 红皮花生用清水洗干净
后浸泡3个小时。

2. 泡好的花生沥干后放入
高压锅加入刚好没过的清
水炖40分钟。

3. 炖好的花生连同少量
炖花生的汤一起放入料理
机，打成细腻的泥。

4. 打好的花生酱盛出，放
在炒锅内加热，接着把花
生酱翻炒片刻，这么做主
要是为了增加香味同时减
少水分。

5. 翻炒至合适的浓稠度后
盛出，装入消毒过的密封
瓶内，放入冰箱冷藏，1
周内吃完就可以啦。

Tips

1. 可以用其他坚果，或混
合坚果制作。

2. 做好的花生酱或坚果酱用法十分广泛，拌饭、面条、
蔬菜、沙拉都非常好吃。

3. 花生酱最好在宝宝1岁以后添加以防过敏。

蛋黄酱

正宗的沙拉酱或蛋黄酱是用生蛋黄配合少许白醋及食用油通过高速搅打，使三者逐步结合制成。若用于拌沙拉，给宝宝吃生鸡蛋显然不合适，我的做法是采用熟蛋黄制作，效果也不错。

材料

水煮蛋1个，白醋（或陈醋）适量，橄榄油（或芝麻油等其他冷榨油）适量

做法

1. 煮熟的鸡蛋取出蛋黄，放入干净的容器中，加少许白醋将蛋黄压成泥糊状，用蛋抽快速搅打使蛋黄泥变得黏稠。

2. 一边搅拌一边加入约5ml的橄榄油，加油时一定要一滴滴地加入，避免油和蛋黄分离，加入油后朝一个方向用力搅拌。

3. 继续朝一个方向用力搅拌，直到达到需要的黏稠度即可。中途可加油或醋来调节浓稠度。

🌱 Tips

蛋黄酱还有一种更简单的做法，拌沙拉相当好吃。其做法为：1. 将煮熟的鸡蛋取出蛋黄，放入干净的容器中。2. 放入奶酪，稍稍加点热水将奶酪及蛋黄搅拌成稠度适中的糊状即可。

番茄酱

材料

番茄若干，藕粉 1 小勺

做法

1. 番茄去皮，放入料理机中打成细腻的浆（番茄籽可以用过滤勺滤掉）。

2. 锅中滴几滴油，倒入番茄浆用小火煮至汤汁变浓稠，颜色加深。

3. 藕粉用少许冷水调成糊，倒入锅中快速搅动使其与番茄浆混合均匀，藕粉水遇热很快变黏稠。

4. 加热时间越久番茄酱越浓稠，可根据需要决定加热时间。

🌱 Tips

1. 番茄可以用圣女果代替，做出来的效果更好，若煮的时间长可以不用藕粉增稠。
2. 虽说藕粉就是淀粉，但它比一般淀粉的营养价值要高得多，非常适合制作宝宝辅食或用作增稠剂，通常加了藕粉的宝宝辅食口感滑滑的。
3. 藕粉也可用其他淀粉代替，如马蹄粉、玉米淀粉等，也可以不用。
4. 吃不完的番茄酱可倒入冰格或硅胶模具中冷冻储藏，但需要在 1 个月内吃完。

肉酱

番茄酱的做法参考上一教程。

材料

番茄酱 50g，鲜肉 50g（各种肉类都可以），藕粉少许，洋葱和大蒜适量

做法

1. 洋葱和大蒜剁成蓉，将鲜肉剁成泥状，用少许牛奶稀释备用。

2. 锅内加少许油，等油温热时陆续放入蒜蓉及洋葱炒出香味。

3. 倒入番茄酱及稀释后的肉泥迅速搅拌翻炒。

4. 炒至肉熟后，用藕粉勾芡汁倒入锅内，搅拌使肉酱变得黏稠润滑后关火。

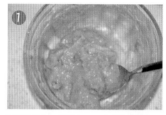
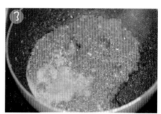

Tips

宝宝肉酱的用处很多，可随意搭配意面、面条、米粥、米饭等，番茄酱颜色鲜艳、酸甜可口，宝宝接受度很高哦。番茄酱的做法参考上一教程。

十、口感嫩滑的芙蓉丸子

材料

三文鱼 100g，清水 30g，
洋葱 10g，盐少许

做法

1. 将三文鱼去皮、去骨后切成小块，洋葱切小块。

2. 所有材料放入搅拌机，加入清水，打成鱼浆。

3. 锅中放大半锅水煮至80℃左右，在沸腾前转成最小火，用小勺舀半勺鱼浆放入水中，待鱼浆外层凝固后将其刮入水中。

4. 鱼丸漂起来就表示熟了，捞出沥干，吃不完的放入冰箱冷冻，两周内吃完即可。

Tips

1. 可以在鱼浆中添加少许玉米淀粉，帮助丸子成型。

2. 也可以不放洋葱，放的话鱼的腥味会小点，也可以用其他有香味的

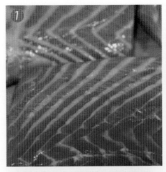

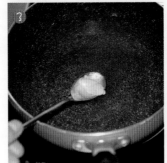

蔬果代替洋葱。

3. 煮丸子的水千万不要沸腾，否则鱼浆放进水里就会被冲碎。

4. 也可以用其他肉类替换鱼肉。

第四章

芒小果妈妈的创意辅食食谱

看了备受欢迎的超人气零基础辅食制作方法，妈妈们是不是都跃跃欲试呢？这里，要和大家分享的是内容更丰富的宝宝辅食食谱。这些辅食全部是芒小果真正吃过的哦。许多妈妈也尝试过其中的一些辅食，有的妈妈还偷偷在制作时加大了分量，自己与宝宝一起分享哦！

6～7个月：泥糊状辅食

　　这个时期，宝宝体内自带的铁的储存量已经消耗得差不多，所以摄入铁的最佳来源仍是高铁食物：如市售的强化铁米粉、肉泥、煮熟的豆腐泥等。一般来说肉类颜色越红，其所含的血红素铁越多。这个时期宝宝的辅食比较简单，因为其主食还是母乳或配方奶，所以如果宝宝辅食吃得不太好，妈妈也不用太焦虑。

　　芒小果是在6个月的时候添加的辅食，那时候她吃得最多的是强化铁的婴儿米粉，同时每天会搭配不同的、蒸熟的水果泥或蔬菜泥（未添加菠菜），进入7个月后我开始给她添加鸡肉泥，之后陆续是鱼肉泥（鳕鱼、三文鱼）、牛肉泥、猪肉泥等，快满8个月时我给她添加了鸡肝泥以及香菇泥等食材。

　　对于每日的辅食安排，则由刚开始从一两小勺的喂食，逐步增多到一两大勺。辅食次数则是由每天1次逐步增加到每天2次。对于每一样辅食，我都会试探性地喂食，观察三天无任何过敏等不良反应后再添加新的食物。

　　从芒小果添加辅食开始，我都会详细记录每一样食材添加后她的反应及接受程度，虽然麻烦但的确给记性不好的我不少帮助，它可以帮助我掌握芒小果一天的喂养情况。现在看来，那已经被揉皱了的小本子是多么的温馨啊，它充满了妈妈对宝宝的爱意，非常值得珍藏。

山药苹果泥

材料

山药 100g，苹果 1 个

做法

1. 新鲜山药去皮切小块，苹果去皮切小块。

2. 所有材料用辅食机或蒸锅蒸熟。

3. 蒸熟后的材料放入料理机或用搅拌棒打成泥糊状。

 Tips

1. 山药健脾益气，能增强消化功能，促进食欲，是一种非常好的药食同源的食物。

2. 以下所有果蔬泥均可混合婴儿米粉同吃。

香甜红薯泥

材料

红薯 50g，开水适量

做法

1. 红薯洗净去皮，放在蒸锅内蒸熟。

2. 加少许开水，将蒸熟的红薯压成均匀无颗粒的红薯泥。

3. 将压好的红薯泥放入模具中。可根据宝宝的喜好做成各种可爱形状。

雪梨莲藕泥

材料

雪梨 50g，莲藕 50g，清水适量

做法

1. 雪梨去皮、去核，切成小块，莲藕去皮、切成小块。

2. 将两种材料放入料理机，添加少许水打成细腻的浆。

3. 将雪梨莲藕浆倒入锅内用小火加热，注意边煮边搅拌防止煳底。等到锅内的浆变为黏稠的糊即可关火。

Tips

1. 藕的营养价值很高，富含铁、钙等微量元素以及丰富的膳食纤维，能增强食欲，促进消化，非常适合宝宝食用。
2. 雪梨有润肺、化痰、止咳等功效。

南瓜米糊

材料

南瓜 50g，婴儿米粉 30g

做法

1. 南瓜洗净去皮蒸熟，冷却后压成泥备用。

2. 将婴儿米粉用开水冲成糊。

3. 放入南瓜泥搅拌均匀。

🌱 Tips

1 岁以上宝宝可以增加黑芝麻酱等配料。

山药山楂米糊

材料

山药 30g，山楂粉 8g，米粥 30g，蓝莓 5~6 颗

做法

1. 山药去皮打成泥，与适量米粥混合后倒入锅中用中火加热。

2. 山楂粉用水调成糊倒入锅内煮开即可关火。

3. 撒入数颗蓝莓。

 Tips

1. 山药、山楂有助消化的功效，没有山楂粉也可用 4~5 个新鲜山楂去核同山药一起打成泥。

2. 山楂和蓝莓的酸甜口味可以提高宝宝食欲。

玉米米糊

材料

生玉米粒 50g ，婴儿米粉适量

做法

1. 生玉米粒用清水洗净蒸熟，放入少许水用料理机打成泥糊状。

2. 婴儿米粉用开水冲成糊，拌入玉米泥（或将大米粥与玉米混合打成泥），可酌情滴入几滴核桃油或香油。

🌱 Tips

玉米粒表皮是一种非常好的膳食纤维，适当摄入可以促进肠蠕动预防便秘，担心玉米粒表皮不好消化的妈妈可适当滤去一部分。

苹果米糊

材料

苹果 80g, 大米粥 50g 或婴儿米粉 30g

做法

1. 苹果去皮切小块蒸熟，用勺碾成苹果泥。

2. 婴儿米粉用开水冲成糊拌入苹果泥。

银鱼山药羹

材料

山药 150g，银鱼 50g，绿
叶蔬菜 30g

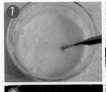
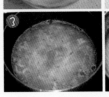

做法

1. 银鱼清洗干净，山药洗
净去皮用料理机打成泥，
绿叶蔬菜洗净切碎。

2. 锅内倒入少许清水煮
开，放入银鱼。

3. 倒入山药泥并搅拌均
匀，根据山药糊浓稠度适
量加清水调节。

4. 约煮 2~3 分钟锅内滚
开后，放入切好的绿叶蔬
菜，再次滚开后关火。

Tips

1. 银鱼是极富钙质、高蛋白、低脂肪的淡水鱼类，基本
没有鱼刺，非常适合作为婴幼儿辅食食材。
2. 银鱼可用别的少刺的鱼类如鳕鱼、三文鱼等代替。

红枣雪梨米糊

材料

雪梨半个，红枣 1 颗，婴儿米粉 30g

做法

1.雪梨去皮后切成小块，红枣洗净后去核去皮，两种材料一起用辅食机或蒸锅蒸熟。

2.蒸熟后的材料放入料理机或用搅拌棒打成泥糊状。

3.婴儿米粉加少许开水冲成糊，与雪梨红枣泥混合均匀即可。

Tips
雪梨可润燥清热，红枣可补中益气。这道辅食非常适合干燥季节食用，具有润肺止咳的辅助效果。

香蕉玉米奶昔

材料

香蕉半根，新鲜玉米粒50g，配方奶或母乳150ml

做法

1. 新鲜玉米粒洗净，用开水煮10分钟，煮熟后沥干。

2. 香蕉切成小块，与玉米粒、冲好的配方奶或母乳一同放入料理机打成奶昔。

Tips

1. 担心玉米皮不好消化的妈妈可以适当滤去一部分。

2. 若制作好的奶昔温度低，可以用奶锅或微波炉稍微加热。

胡萝卜鳕鱼泥

材料

鳕鱼 50g，洋葱 15g，胡萝卜 25g

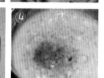

做法

1.将鳕鱼洗净去皮去骨，洋葱洗净切小块，胡萝卜去皮洗净切小块。

2.所有材料放入辅食机或蒸锅中蒸熟（用辅食机需蒸 10 分钟，蒸锅则要 15 分钟）。

3.取出蒸好的鳕鱼及配料用研磨碗或辅食机处理成泥糊状即可。

彩椒鸡肉肝泥

材料

鸡胸肉 30g, 洋葱 5g, 红黄甜椒 30g, 鸡肝 20g

做法

1. 将鸡胸肉洗净切小块，洋葱洗净切小块，红黄甜椒去掉辣椒籽并刮去硬皮后切小块。

2. 鸡肝用冷水浸泡半小时后用流水充分清洗，并将其中的血管挑去，以最大限度地减少肝脏内的毒素，处理干净后用滚水焯煮去掉血沫，捞出后沥干。

3. 所有材料放入辅食机或蒸锅中蒸熟（用辅食机需蒸 10 分钟，蒸锅则要 15 分钟）。

4. 取出蒸好的鸡肉、鸡肝以及配菜，用研磨碗或辅食机、料理机等处理成泥糊状。

 Tips

1. 市场上的猪等多为饲料催肥，加之肝脏又是解毒器官，残留毒素较多，因此建议妈妈们采购食材时优选有机饲养的动物肝脏或小体型禽类如鸡、鸭的肝脏。

2. 建议搭配米糊食用，有利于消化吸收。

香菇牛肉泥

材料

牛里脊肉 30g，洋葱 5g，
泡发香菇 2~3 朵

做法

1. 将牛里脊肉洗净切小块，洋葱洗净切小块，香菇洗净切末。

2. 所有材料放入辅食机或蒸锅中蒸熟（用辅食机需蒸 10 分钟，蒸锅则要 15 分钟）。

2. 取出蒸好的牛肉及配菜，用研磨碗或辅食机、料理机等处理成泥糊状。

8～10个月：小颗粒状辅食

进入这个阶段，宝宝能够吃的食物有很多，妈妈们大展拳脚的时候终于到来了。从8个月开始，芒小果添加了容易过敏的小麦面条，我在给她添加后观察了几天，发现没有过敏。随后陆续添加了大部分蔬菜。同时也添加了米粥、面条等主食，但含有强化铁的米粉仍旧继续食用。每天基本上都会有蛋黄和其他食材搭配蒸的蛋羹作为早餐，藜麦也在这段时间被我发现并逐步添加到辅食当中，我最常用的辅食制作方法仍是蒸、煮。

对于每日的辅食安排，则每天安排2次辅食，中间增加1次水果，其实这相当于是3次辅食了，辅食时间安排在芒小果两顿奶之间精神状况佳的时候。

这个阶段有些宝宝可能已经长了几颗牙齿了，妈妈们可逐步训练宝宝的咀嚼能力，比如制作辅食时可做一些宝宝可以用自己拿着吃的长条形"手指食物"，比如煮熟的莴笋条、胡萝卜条、土豆条、软软的馒头条、面包条等。当宝宝自己吃东西时，妈妈最好在旁边陪护，以免出现呛或噎等意外。

在芒小果8个月的时候，我开始把对芒小果辅食的记录放到微博上，写辅食日记也成为我一天中最开心的事情。

地瓜瘦肉糙米粥

材料

地瓜（红薯）30g，糙米 15g，大米 15g，瘦肉 20g

做法

1. 地瓜去皮切成小丁，瘦肉剁碎，糙米和大米清洗后用少许水浸泡。

2. 锅内加入 2~3 碗清水煮开，放入肉末，再次煮开后撇去表面沫子。

3. 倒入泡好的米及地瓜丁，煮开后转移至宝宝炖锅，慢炖 2 小时即可。

 Tips

宝宝在开始添加软饭、烂面条这类辅食后，可以吃一些红薯粥（把红薯切成小块，与大米一起煮烂）。但如果宝宝出现排气、腹胀等肠胃不适，则应立即停止食用。

南瓜香蕉粥

材料

大米 40g，南瓜 50g，香蕉 20g

做法

1. 大米清洗后加入 5~6 倍清水煮成稠粥。

2. 南瓜去皮去籽洗净切块，再用大火蒸熟后将南瓜用勺压成泥。

3. 将香蕉用勺压成泥。

4. 煮好的粥与南瓜泥、香蕉泥混合搅拌均匀。

雪梨开胃猫耳朵

材料

雪梨 1 个、山楂猫耳朵 50g（做法参考第三章"可爱可口的猫耳朵"做法，和面时加入适量山楂泥或山楂粉即可）

做法

1.雪梨洗净后去皮，切成薄片。

2.锅内放适量清水烧开，再将雪梨片倒入直至再次煮开。

3.在锅内放入山楂猫耳朵，煮熟煮软。

三文鱼牛奶豆腐饭

 材料

三文鱼 25g，豆腐 30g，大蒜 1 瓣，莴笋叶 4 片，配方奶 100ml，大米 50g，葱花少许，油盐酌情添加

做法

1. 大米浸泡 1 小时后沥干，加入 4 倍水煮开，再移入宝宝炖锅，焖 1~2 小时。

2. 鱼肉去刺切成小丁，豆腐压成泥，莴笋叶洗净切碎，大蒜切成碎末。

3. 锅中放少许油烧至温热后，再放入蒜末炒出香味，随后陆续放入鱼肉、莴笋头、豆腐泥翻炒半分钟。

4. 关小火倒入配方奶搅拌均匀，煮开后继续搅拌至汤汁稍微浓稠，放入葱花后关火。

5. 将焖好的米饭与三文鱼牛奶豆腐糊混合。

 Tips

1. 三文鱼可以替换为其他少刺鱼类。
2. 莴笋叶也可以替换为其他绿叶蔬菜。
3. 宝宝 1 岁以下请使用配方奶或母乳。

水果豆花饭

材料

稠粥 60g，嫩豆腐 30g，提子 3~5 颗，香梨，芝麻粉，红甜椒适量

做法

1. 嫩豆腐切小块，放入滚水中焯熟。

2. 所有果蔬去皮切小丁。

3. 稠粥、嫩豆腐、水果混合均匀，再撒上芝麻粉。

芸豆紫薯米糊

材料

熟芸豆（腰豆）6~8颗，
紫薯30g，米粥或米饭
50g

做法

1. 紫薯蒸熟，然后加少许
水用压泥器压成紫薯泥。

2. 熟芸豆取6~8颗与1
大勺米饭或米粥混合压成
芸豆米糊。

3. 取花形饼干模具放入碗
中，将紫薯泥放入模具内
使紫薯泥成花朵造型。

4. 小心取出模具，将芸豆
米糊小心地倒在紫薯花周
围。

Tips

1. 芸豆在消化吸收过程中会产生过多的气体，造成胀肚，因此每次给宝宝食用量不宜
过多。

2. 食物的色、香、味、形直接影响着宝宝的食欲。特别是食物的形状，对宝宝来说尤
其敏感。用模具简单做个小花造型就可以吸引宝宝的眼球，妈妈们如果觉得将两种糊
分开做很麻烦，可以将所有材料放入料理机打成糊即可。

3. 大芸豆洗净后加适量水用高压锅炖约40分钟，这样制作的芸豆非常软烂，很容易压
成泥。

4. 带皮芸豆是钙含量非常高的一种食物，用芸豆作为甜点或开胃小菜，不失为一种好
的补钙食品。

香菇鳕鱼南瓜焖饭

材料

香菇 10g，鳕鱼 40g，洋葱 10g，荷兰豆 10g，南瓜 50g，大米 25g

做法

1. 大米洗净后放入 3 倍水浸泡半小时，南瓜、洋葱、鳕鱼、香菇（提前泡发）、荷兰豆分别切成碎丁。

2. 锅内放少许油烧热，放入洋葱爆出香味。

3. 陆续放入香菇丁、鳕鱼丁、荷兰豆、南瓜翻炒半分钟，将大米连同浸泡的水一同倒入锅内煮开。

4、全部材料倒入宝宝炖锅，焖 2 小时，或者全部材料倒入碗中加盖用大火蒸 30 分钟。

五彩水果麦片

材料

燕麦片 50g，清水适量，五彩水果丁适量（水果可用红心火龙果、香蕉、猕猴桃、芒果等）

做法

1. 取 1~2 碗清水放于锅中，将燕麦片倒入锅中煮开。

2. 续煮 5~10 分钟至燕麦粥变得黏稠润滑。

3. 煮好后将五彩水果丁拌入麦片粥中。

Tips

燕麦的钙含量很高，维生素、蛋白质和膳食纤维含量也比较高，是一种适合宝宝食用的辅食食材。

三文鱼藜麦扁豆粥

材料

三文鱼 30g，黑藜麦 20g，
大米 30g，扁豆 5g，绿叶
菜 30g，蒜蓉少许

做法

1.鱼肉去刺切成小丁，绿
叶菜切碎。

2.锅内倒一碗清水，除
了绿叶菜外放入其余全部
食材。

3.等水开了之后，将锅内
混合食材全部移至宝宝小
炖锅内。

4.炖煮约 2 小时后，加入
绿叶菜煮至变色，再酌情
滴几滴香油。

Tips

1.藜麦与小扁豆煮之前先浸泡 1 小时。

2.藜麦分白、红、黑三色，颜色越深营养价值越高，这原则适用于任何食物。

3.黑藜麦外表有一层脆脆的壳，使得其口感并不是特别好且不易消化，因此给宝宝喂
食前请尽量压碎。

果蔬豆面疙瘩汤

材料

面粉 20g，鹰嘴豆面粉 10g，
葡萄干 5~6颗，蓝莓 10颗，
熟红薯适量

做法

1. 面粉和鹰嘴豆面粉混合
均匀，慢慢滴入少许温水，
然后用筷子搅拌成非常细
的絮状面团。

2. 锅中放适量清水或配方奶
煮开后下入面絮。约煮 2~3
分钟面糊熟后，放入熟红
薯块、果干等剩余食材。

3. 稍煮半分钟使红薯、果
干变软。

4. 根据宝宝的咀嚼情况适
当压碎果干。

蛋黄菠菜藜麦面片

材料

黑藜麦 15g，面粉 50g，
菠菜，蛋黄 1 个

做法

1. 黑藜麦洗净炒干打成粉状与面粉混合后和成面团，参考第三章"手擀面条"做法制作成黑藜麦面片。菠菜洗净焯熟切碎。

2. 锅中放入适量清水，清水烧开后下入藜麦面片。

3. 将蛋黄打散，均匀倒在锅中使其成为蛋花。

4. 出锅前放入菠菜碎，滴几滴香油。

 Tips

菠菜在食用前一定要用开水焯一遍，能够有效去除其所含草酸以及叶片表面残留的农药。用开水焯之前请勿切碎，保持完整。

紫蔬肉丸疙瘩汤

材料

泡发木耳 10g，自制牛肉丸（做法参考第三章"口感嫩滑的芙蓉丸子"的做法）50g，胡萝卜 30g，莴笋 30g，蒜蓉适量，紫甘蓝 10g，面粉 50g

做法

1. 紫甘蓝洗净撕碎加少许水用料理机打成浆汁，面粉放入碗中，将紫甘蓝浆汁慢慢滴入面粉碗中，边滴边搅拌，直至面粉变为面絮或疙瘩状。

2. 锅内放少许油加热后放入蒜蓉爆香，木耳、胡萝卜、莴笋碎、肉丸放入锅中煸炒 1 分钟。

3. 加水煮开，再下入紫甘蓝面絮，等面絮煮熟即可。

Tips

挑选木耳有小诀窍。干木耳营养优于鲜木耳。要选稍微小朵一点的，入水即下沉的木耳不好，泡发木耳最好是用温水或是凉水，用开水泡发木耳，一是木耳会泡不大，二是木耳里面的多糖成分会被高温破坏。

茄汁肉末土豆泥

材料

土豆 200g，配方奶或母乳适量，自制番茄酱 50g，肉泥 50g（各种肉类都可以），藕粉或淀粉少许、洋葱，大蒜适量

做法

1. 土豆去皮后洗净，切块蒸熟。

2. 蒸土豆的同时开始制作番茄酱。

3. 洋葱、大蒜剁成蓉，肉泥用少许配方奶或清水稀释备用。

4. 锅内加少许油，油温热时陆续放入蒜蓉及洋葱炒出香味。

5. 倒入番茄酱及稀释后的肉泥迅速搅拌翻炒。

6. 炒至肉熟后，用藕粉或淀粉勾芡汁倒入锅内，搅拌使肉酱变得黏稠润滑后关火盛出。

7. 土豆蒸熟后取出，加入适量配方奶或母乳压成均匀细腻的土豆泥。

8. 将做好的番茄肉酱与土豆泥混合，搭配适量蔬菜更佳。

山药红枣浓汤

材料

山药 100g，中等大小干红枣 5 颗，面粉 20g，清水适量

做法

1. 红枣洗净去核，山药去皮切块，以上材料加入小半碗清水一起放入搅拌机中打成细腻的浆。

2. 锅烧热（不放油），放入面粉用小火炒成微黄色。

3. 慢慢倒入山药红枣浆，边倒边搅拌，多搅多压防止面粉结块。

4. 煮开即可关火盛出。

Tips

1. 山药中有较高含量的淀粉，如果用来做菜，可以适当减少主食数量，以保证热量平衡。

2. 第 1 步也可换成是先将红枣山药蒸熟，再加水打成泥，这样制作出来的汤口感更好。

奶油西兰花浓汤

材料

西兰花 50g，面粉 20g，
配方奶 200ml

做法

1. 西兰花浸泡洗净后掰
成小朵，放入开水中焯
熟，捞出后与配方奶混
合打成糊。

2. 锅用小火烧热，放入面
粉炒至微黄。

3. 闻到面粉炒熟的香味
时，用一只手将西兰花
牛奶糊慢慢倒入锅内，
另一只手快速搅拌防止
面粉结块。

4. 煮开即可关火。

Tips

可以将西兰花换成其他食材，如蔬菜、肉、菌类、水果、
薯类都可以做出好喝的浓汤。

绿蔬豆腐米糊

材料

豆腐 20g，绿色蔬菜50g，米粉 30g（或大米粥50g）

做法

1. 将绿色蔬菜、豆腐洗净，分别在开水中焯熟，沥干后用研磨碗或料理机处理成蔬菜豆腐泥。

2. 米粉用适量开水调成糊，将蔬菜豆腐泥拌入米糊搅拌均匀（或将煮好的大米粥与蔬菜豆腐泥混合均匀）。

Tips

1. 绿色蔬菜可以选择的很多，小月龄宝宝可以用豌豆、芦笋等，大月龄宝宝可以用菠菜、白菜、青菜、木耳菜等绿叶蔬菜。

2. 豆腐优先选择传统工艺制作的石膏豆腐或卤水豆腐，石膏豆腐含水量稍多于卤水豆腐，但含钙量略低，尽量不要选择内酯豆腐（含钙量很低）。另外，不要担心石膏豆腐中的石膏或卤水豆腐中的卤水，其实，在制作过程中原材料早已分解成对身体无害的物质了。

番茄玉米糙米羹

材料

小番茄 4~5 个，新鲜玉米 20g，糙米粉 30g，熟蛋黄 1 个

做法

1. 小番茄去皮切碎，玉米棒煮熟后取少量玉米粒，将玉米粒剁碎或用料理机打成浆。

2. 糙米粉用凉水调成糊，倒入煮玉米棒的水中，再放入番茄及玉米。煮开后关小火续煮 5 分钟至汤变黏稠，放入熟蛋黄压碎并搅拌均匀即可。

🌱 Tips

1. 如何轻松获取玉米粒？手剥很费工夫，可以将玉米棒煮熟后晾凉，直接用刀沿着玉米粒根部将其切下，注意不要漏掉玉米胚。玉米粒的皮富含膳食纤维，但不易消化，家有小宝宝的妈妈们可以用料理机将玉米粒打成浆，滤掉渣再烹饪，家有大宝宝的妈妈们可以直接烹饪，

适当摄入膳食纤维可促进肠蠕动，防止便秘。

2. 用刀在小番茄表面划刀，在流水里过一下，可轻松去皮。

3. 玉米全身都是宝，除了玉米粒，其须、梗，煮玉米的水，都有一定食用价值，千万不要浪费了。玉米水不仅有玉米香味，还有利尿消炎、预防尿路感染、去肝火等功效。用玉米水制作宝宝辅食不仅香味十足，对身体也很好。

4. 大米粉或婴儿米粉以及熬好的米粥均可替换糙米米粉。

红枣樱桃汤

材料

红枣 20g，新鲜樱桃或车厘子 20g，清水适量

做法

1. 红枣洗净去核切成厚片状，樱桃或车厘子洗净后去核。

2. 锅内放入适量清水及红枣、樱桃，煮开后转小火煮 15 分钟，直至汤汁颜色变深，红枣软烂即可。

苹果葡萄酸奶昔

材料

苹果 1 个，葡萄 5~6 颗，
原味无糖酸奶 1 杯

做法

　　苹果去皮去核，葡萄
去皮去籽，与酸奶放入料
理机中搅打成糊状。

双色薯泥米糕

材料

大米 100g，紫薯 50g，红薯 50g，黑芝麻少许

做法

1. 提前将大米用 2~3 倍水煮成稍软的米饭，煮好后盛出备用。

2. 紫薯、红薯蒸熟后，分别用勺子或研磨碗压成泥。

3. 模具内里四周涂上薄薄一层油，其底部垫在盘子上或保鲜膜上防止污染。

4. 按一层米饭、一层薯泥的顺序铺好，直至食物填满模具。

5. 将米糕慢慢推出模具，表面撒些黑芝麻装盘。

6. 吃前可在微波炉或蒸锅中短时间加热，以防宝宝肠胃不适应冷米饭。

Tips

1. 此糕点做法十分简单，口感糯而有弹性，老少皆宜，可以做得小一点，方便宝宝自己拿着吃。

2. 双色薯泥也可换成其他食材，如枣泥、豆沙、山药泥、坚果泥等，甚至肉松也可以，可根据宝宝喜好搭配不同口味。黑芝麻也可替换为其他坚果或食材，如海苔等。

3. 没有模具也可以用小碗抹油后，一层一层地铺好倒扣。

卡通紫薯山药糕

材料

紫薯 100g，山药 150g

做法

1. 紫薯、山药去皮洗净切块，大火蒸熟。

2. 分别将蒸熟的紫薯和山药打成细腻的泥。

3. 用可爱的卡通模具造型，将紫薯泥和山药泥分层压成型。

Tips
利用天然食物的颜色，随意创造出可爱的卡通形状，不仅能吸引宝宝的眼球，还能够很好地挑动宝宝的食欲。芒小果很喜欢这款小点心。

11～14个月：大颗粒状辅食

终于迎来了芒小果的一周岁。之前未能给她添加的蛋清、带壳海鲜、牛奶等易致敏的食材也陆续顺利地添加了。芒小果能吃的食物越来越多了，不过她最喜欢吃的居然是面条！于是设计了很多花样面条的食谱。这时芒小果正式增加了很多粗粮食材，如黑麦面粉、荞麦面粉等。蔬菜和水果则更多选择当季的新鲜食材，以保证每天摄入的营养多样化。辅食制作方法以蒸、煮为主，煎、炒为辅。

对于每日的辅食安排，这段时间每天按照大人一日三餐的做法安排 3 次，早餐以鸡蛋料理或燕麦粥为主，午餐、晚餐以粥、面、饭为主，中间会增加一次水果。这 3 个月芒小果平均每天奶量保证在 500ml 左右，辅食时间安排与大人一日三餐时间相同。

宝宝这个时期逐渐有了自己的想法，对食物也有自己的喜好和选择，为了让宝宝均衡摄入各种营养，妈妈可以这样做：将宝宝不爱吃的食材混入爱吃的食材，刚开始少放点再逐步增加比例，让宝宝在不知道的情况下吃入这种食物，直至逐步接受。比如芒小果爱吃鸡蛋，却不喜欢豆腐，我会用少量豆腐打成泥和鸡蛋液混合煮成豆腐蛋花，小家伙也吃得很好呢。

在芒小果 11 个月的时候，我开始学习烘焙，我下定决心要自己动手为宝宝办一个温馨的生日会。终于在练习 14 天之后，我这个烘焙新手连熬 4 个晚上，准备出所有的点心和宝贝的生日蛋糕。充满爱的生日会，芒小果你还有印象吗？

番茄鱼腥草蛋花面

材料

新鲜鱼腥草（折耳根）
1根，鸡蛋1个，番茄
50g，海苔1片，细面条
30g，葱花少许

做法

1. 鱼腥草洗净切成小段
或碎末，番茄切碎，海苔
撕成小碎片备用，鸡蛋搅
打成均匀的蛋液。

2. 锅里加入1碗水煮开，
放入番茄碎、面条煮熟。

3. 将蛋液均匀倒入锅中
成为蛋花，放入鱼腥草碎
续煮1分钟后撒入葱花、
海苔碎再关火，吃前可滴
少许香油或核桃油或亚麻
籽油等增加香味。

Tips

鱼腥草是一种天然抗生素，对于预防和辅助治疗感冒、腹泻以及部分炎症有一定效果。
在贵州，凉拌鱼腥草是道家常菜，我们也会用新鲜鱼腥草熬水给芒小果喝，预防感冒。
买不到新鲜鱼腥草的地区可以在药店购买晒干的鱼腥草，用水煮开后续煮2分钟，水
就可以喝了。

银鱼时蔬麦片

材料

银鱼20g,红绿彩椒10个,
冬瓜20g,燕麦片30g

做法

1.银鱼洗净切小段,红、
绿彩椒切丁,冬瓜切薄片。

2.锅内加适量清水,放入
麦片约煮5分钟后,放入
银鱼、冬瓜。

3.煮至麦片软烂、冬瓜
熟透后放入彩椒丁续煮1
分钟再关火。

4.滴几滴芝麻油或核桃
油,或橄榄油皆可。

Tips

1.银鱼是极富钙质、高蛋白、低脂肪的淡水鱼类,基本没有鱼刺,适合小宝宝食用。
据分析,银鱼属"整体性食物",营养完全,有利于增进人体免疫功能。

2.银鱼可以用别的少刺的鱼类代替,如鳕鱼、三文鱼等。

3.彩椒皮较硬,可以削去。

香煎鸡肝豆腐饼 配山药通心粉

材料

鸡肝 15g ，豆腐 15g，洋葱 10g，胡萝卜 10g，山药 30g，弯型通心粉 30g，芦笋 10g

香煎鸡肝豆腐饼做法

1. 鸡肝浸泡半小时并用流水冲洗 2~3 分钟后去除血管等杂质，在开水中煮熟沥干，豆腐焯熟，洋葱剁成碎末。

2. 豆腐、鸡肝用研磨碗压成泥状与剁碎的洋葱混合均匀。

3. 锅内倒入少许油，用小火温热后放入鸡肝豆腐洋葱泥压成饼状，煎凝固后在锅内加入少许清水，加盖焖至水分被肝泥饼吸收关火。

山药通心粉做法

1. 通心粉提前用冷水浸泡 30 分钟，胡萝卜、芦笋切小薄片，山药洗净去皮打成浆。

2. 锅内放入适量水烧开，再下入通心粉煮至膨胀变软后倒去锅中的大部分水，放入山药浆、胡萝卜、芦笋等续煮 2~3 分钟即可。

Tips

1. 山药可改善营养吸收功能，鸡肝富含微量元素铁、锌、铜及维生素 A 和维生素 B 等，豆腐富含钙质，三者搭配可提高微量元素的吸收利用。

2. 洋葱、豆腐搭配鸡肝可有效减轻鸡肝的腥味。

三文鱼猫耳朵

材料

三文鱼 50g，面粉 150g，清水 40g，番茄 50g，豆腐 20g，紫菜和葱花少许

做法

1. 将三文鱼洗净，加入清水，用料理机处理成鱼浆，用鱼浆和面，参考第三章猫耳朵的做法做成三文鱼猫耳朵。

2. 番茄去皮切碎，豆腐切小丁，紫菜用温水发开。

3. 锅内放入宝宝碗大小的 1 碗半清水煮开，下入适量猫耳朵（宝宝一餐约用 25~40g 生猫耳朵）。

4. 再次煮开后放入番茄、豆腐、紫菜等，煮至猫耳朵变软熟透，撒入葱花即关火。

5. 吃前可滴数滴香油或核桃油等，盐或酱油则根据宝宝月龄酌情添加。

Tips

三文鱼肉可以替换为其他肉类。

菌汁鳕鱼海带面

材料

干海带 5g，面粉 100g，金针菇 10g，杏鲍菇 10g，鳕鱼 30g，彩椒 10g，小番茄 2~3 个，蒜蓉、葱花少许

做法

1. 干海带泡发后洗净沥干，用刀或料理机处理成泥，参考第三章的手擀面条做法用海带泥和面，做成面条。

2. 小番茄去皮剁碎，金针菇、杏鲍菇洗净剁碎，鳕鱼去刺切丁，彩椒切细丝。

3. 锅内放少许油，开小火，等锅温热后放入蒜蓉炒香，依次放入菌菇碎、鳕鱼丁、番茄碎等翻炒成稠汁状（中途可加少许水），撒入葱花关火。

4. 面条加水煮熟，关火前放入彩椒丝，用水的余热烫熟，面条捞出用做好的菌汁鳕鱼酱拌均匀，根

据宝宝情况酌情添加盐调味。

Tips

1. 金针菇、杏鲍菇也可用其他菌菇类替换，越丰富越好。
2. 鳕鱼可用其他肉代替。
3. 面条可用普通面条，但添加了海带的面条口感、味道及营养价值都高于普通面条。偶尔给宝宝做些花样面条调剂口味也不错。

鲽鱼豆腐黑麦饼

材料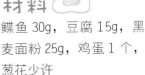

鲽鱼 30g，豆腐 15g，黑麦面粉 25g，鸡蛋 1 个，葱花少许

做法

1. 鲽鱼去皮去刺切丁，豆腐清洗后焯熟切丁。

2. 鸡蛋搅打成均匀的蛋液，混入黑麦面粉搅拌成无颗粒的鸡蛋面糊。

3. 将鲽鱼豆腐丁与鸡蛋面糊混合均匀，加少许葱花在表面。

4. 不粘锅内倒入适量油烧至温热，改小火倒入拌好的面糊，约 20 秒左右蛋饼底部凝固。

5. 顺着锅边倒入约 1cm 高的清水，小火加盖焖煮至水分完全被吸收，此时蛋饼也熟透。

6. 关火，稍晾凉后切成适合宝宝可以手拿的大小。

Tips

1. 黑麦面粉可以用普通面粉或其他杂粮面粉如玉米面粉、小米面粉等代替。

2. 对于需要煎的食物，强烈建议先煎后煮，一是可以让食材熟得更快更均匀，二是避免鸡蛋或面饼之类煳底，三是可以使食材更加软嫩。

蛋花碎面

材料

鸡蛋 1 个，碎面条 30g，彩椒 10g，莲花白 20g，牛肉 10g，蒜蓉和香葱少许

做法

1. 蒸蛋羹，蛋液和水的比例大概为 1:1，碗加盖用大火蒸 8 分钟。彩椒和莲花白分别切碎，牛肉剁成泥。

2. 在蒸蛋羹的同时，锅内加少许油，放入蒜蓉炒出香味，再放入肉末煸炒至变色后放入莲花白碎，关火盛出。

3. 锅内加适量清水煮开后下入碎面条，约煮 5 分钟，等面条熟软后放入彩椒碎和葱花搅拌关火。大宝宝可酌情加盐等调味。

4. 蛋羹蒸好后与面条及肉末莲花白碎混合即可。

Tips

1. 这道食谱的灵感来自于西南地区的一道特色小吃：豆花面。自制豆花稍嫌麻烦，于是我想到了具有同样质感和相近营养价值的鸡蛋羹。

2. 面条换为米饭、意粉，甚至是馒头都可以制作出同样好吃的宝宝蛋花餐。

海带面水饺

材料

海带面饺子皮，泡发的香菇 20g，牛肉 50g，卷心菜 20g，香油，葱花少许

做法

1. 参考"菌汁鳕鱼海带面"中海带面团的配制及第三章饺子皮的做法做出约 5cm 宽的迷你海带面饺子皮。

2. 香菇、牛肉、卷心菜分别剁碎加少许香油及葱花调拌成饺子馅。

3. 给每个饺子皮放适量饺子馅，将两边的皮捏紧。

4. 全部饺子包完后，放入开水中，中火煮至沸腾。

5. 添加 1 杯凉水倒入锅内，再次煮开后将饺子捞出来即可食用了。

✿ Tips

饺子包好后吃不完的可以速冻保存，请在一个月内吃完。

彩虹牛肉饭

材料

紫甘蓝 10g，南瓜 20g，红甜椒 20g，四季豆 15g，牛肉 30g，洋葱 20g，配方奶 100ml，糙米粉或面粉，蛋黄 1 个

做法

1. 所有蔬菜洗净分别切碎末，牛肉剁成肉泥。

2. 紫甘蓝、南瓜、红甜椒、四季豆分别加入糙米粉，使其被糙米粉均匀包裹，牛肉泥和蛋黄混合后加足量糙米粉拌匀。

3. 将拌好的食材分别放入盘中，用大火蒸 15~20 分钟。

4. 蒸熟后将粉蒸牛肉放在碗部底层，其余在上层摆出造型。

5. 锅中加少许油烧热后放入洋葱炒香，加入配方奶煮至汤汁稍变浓稠，调味料根据宝宝月龄酌情添加。

Tips

1. 牛肉可以用其他肉类代替。

2. 请妈妈们尽情发挥创意，用更多颜色的食材做出更加多彩的粉蒸饭。

3. 可以任意搭配汤品，以防止粉蒸饭过干。洋葱奶酪汤与牛肉很搭，因奶酪中含有盐分，其他调料可不放。

番茄鲫鱼汤炖饭

材料

鲫鱼汤1小碗，莴笋10g，番茄50g，软米饭50g，豆腐20g，蒜蓉、海苔、葱花少许

做法

1. 提前用鲫鱼熬汤，过滤除去渣滓和鱼刺备用。

2. 莴笋切小条，豆腐、番茄剁碎，海苔撕碎备用。

3. 锅内放少许油，等温热后放入蒜蓉炒香，随即放入番茄、莴笋、豆腐翻炒半分钟。

4. 倒入过滤好的鲫鱼汤煮开，再放入软米饭搅拌均匀。

5. 再次煮开后放入海苔碎、葱花关火。

Tips

鲫鱼刺多，一定要注意滤掉鱼刺，以免宝宝被鱼刺卡到。

高纤南瓜玉米羹

材料

嫩玉米粒 20g，南瓜 30g，
嫩毛豆 15g，芦笋 20g

做法

1. 嫩玉米粒切碎，南瓜切薄片，若提前将其蒸熟更好。

2. 嫩毛豆切碎，在锅中添加适量清水后，将毛豆及玉米、南瓜放入煮开，再放入芦笋丁续煮半分钟即可。

Tips

1. 新鲜的豆类含有一些有毒的植物化学物质，请务必将其煮熟后再食用。

2. 嫩豆类食物中膳食纤维含量很高。毛豆多吃可能引起腹胀，因此每次给宝宝食用不要超过20g。另外，小月龄宝宝一定要将毛豆煮软压碎再食用，大月龄宝宝也需将毛豆稍压软，防止呛入气管。

3. 南瓜羹的浓稠程度与南瓜含量有较大关系，若觉得汤不够浓可用 1 勺面粉或米粉加凉水调成糊后，煮进汤中。

西式番茄滑蛋

材料

鸡蛋 65g，番茄 30g，牛奶 20g

做法

1. 鸡蛋打散加入牛奶搅拌均匀，番茄切成碎丁放入蛋液中。

2. 锅内放少许油用小火烧热，将蛋液倒入锅中，等到蛋液底部凝固后用铲子轻推。

3. 注意火不要太大，随时翻动鸡蛋不要煳底，等蛋液全部凝固后即可。

Tips

1. 牛奶用量约为蛋液的 30% 左右。

2. 番茄可以用其他蔬菜替代。

3. 成品口感非常滑嫩，很适合作为 1 岁以上宝宝的早餐。

罗宋牛肉煲

材料

牛腩肉（或牛肉）50g，
土豆20g，番茄100g，胡
萝卜30g，西兰花15g，
洋葱15g，蒜蓉少许

做法

1. 牛腩肉洗净切小块，
用开水焯过，去除血沫，
沥干备用。

2. 所有蔬菜配料洗净后
切小块。

3. 锅内放适量油烧热后
放入蒜蓉，随后依次放入
牛肉块及其他蔬菜块翻炒
3分钟。

4. 加少许水煮开后将全
部食材移入宝宝炖锅炖2
小时（或高压锅半小时）。

5. 大月龄宝宝可适量加
盐等调味。

Tips

1. 炖好的牛腩肉和蔬菜
基本达到烂软的程度，刚

开始学习咀嚼的宝宝可能需要妈妈将炖好的牛腩肉、蔬
菜粒压碎或用料理机搅打后再给宝宝食用。

2. 这道辅食口味酸甜，即使不加任何调味料也非常好吃，
有开胃作用。

芝士茄子蛋饼

材料

茄子丝 15g，鸡蛋 2 个，香葱适量，宝宝奶酪 1 片

做法

1. 将鸡蛋打散，放入葱花搅拌均匀。

2. 锅内放适量油，放入茄子丝稍微煎软。将葱花蛋液轻轻地均匀倒在茄子上成饼状。

3. 全程用小火，约 1 分钟后茄子和蛋液部分凝固，顺着锅边加少许水合盖焖。

4. 水快干时发现鸡蛋也基本熟透，将宝宝奶酪撕碎快均匀铺在蛋饼上，关火合盖焖一会，等奶酪化掉就可以出锅了。

Tips

1. 芝士有盐分，食物做好后可以不加盐。

2. 想要有饱腹感的话，可以在蛋液里调一些面粉。

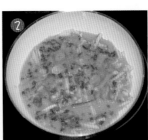
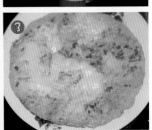

3.1 岁以下的宝宝可以只使用蛋黄，可以用清水及适量面粉代替等量的蛋清。

鳕鱼馒头布丁

材料

冷馒头半个，鸡蛋1个，葱花适量，鳕鱼50g，小番茄6颗，香油数滴，盐少许（1岁内不加）

做法

1. 馒头切成约1×1cm的小丁，鳕鱼去皮、去刺、切丁。

2. 小番茄去皮，将其切片。

3. 鸡蛋打散，加入少许盐、香油搅拌均匀。

4. 将馒头丁、葱花、鳕鱼、番茄片依次一层层放入蛋液中。

5. 用大火蒸8~10分钟即可。

土豆银鱼蛋饼

材料

鸡蛋 1 个，银鱼 30g，番茄 10g，土豆 50g

做法

1. 银鱼洗净后沥干，切成段，土豆切薄成条状入水焯熟，番茄切成小薄圆片。

2. 将鸡蛋打散，再加入上述所有材料搅拌均匀。

3. 不粘锅中放少许油，小火加至温热后倒入蛋液糊摊成蛋饼。

4. 待蛋饼底部凝固，晃动锅，等蛋饼滑动后，将蛋饼翻面并加入少许清水加盖焖。

5. 待锅内水快焖干，蛋饼膨胀后开盖关火。

胡萝卜山药蛋饼

材料

山药 50g，胡萝卜 50g，葱花适量，鸡蛋 1 个

做法

1. 山药、胡萝卜洗净去皮后，用擦丝器擦成特别细的丝，注意山药擦丝过程会有很多粘液被擦出来。

2. 鸡蛋打散后放入所有材料，充分搅打，使山药粘液、蛋液结合空气而产生丰富的泡沫，这样煎出来的蛋饼很松软。

3. 不粘锅中放少许油，小火加至温热，倒入蛋液糊摊成蛋饼。

4. 待蛋饼底部凝固，晃动锅，等蛋饼滑动后，将蛋饼翻面并加入少许清水加盖焖。

5. 待锅内水快焖干，蛋饼膨胀后开盖关火。

金丝肉丸面

材料

鸡胸肉 50g，鸡蛋 1 个，水适量，西瓜翠衣（西瓜皮去掉绿色硬皮后的剩下部分）15g，圣女果 20g，细面条 30g

做法

1. 分出蛋清，用打蛋器稍稍打发，鸡胸肉用料理机打成泥，和打发的蛋清混合均匀。

2. 根据鸡肉蛋清糊的稠度适量加水，调成均匀的类似普通酸奶稠度的糊。

3. 锅内加入适量清水，大火烧开后开到最小火，让其保持高温但又不会沸腾的状态。

4. 用勺子舀 1 勺鸡肉糊放入锅内，手不要晃动，大概20秒糊糊就凝固了，这时可以用另一小勺将肉糊刮入水中。重复此做法直至糊糊下完。

5. 全部肉丸漂起来后关火捞出沥干，吃不完的可以密封冷冻保存。

6. 锅内加适量清水，西瓜翠衣切条放入锅内。

7. 水开后下入面条，等面条变软，西瓜翠衣变透明，放入圣女果片和鸡肉丸。

8. 关火加盖焖 2 分钟，滴几滴芝麻油，可根据宝宝月龄酌情加盐。

番茄肉酱螺旋意面

材料

1个大番茄，牛里脊肉30g，洋葱半片，蒜蓉少许，菜花适量，提前煮软的意大利面适量

做法

1. 番茄去皮打成浆，洋葱切细丝，菜花用滚水焯一下并切碎，牛里脊洗净剁成肉末。

2. 锅内放适量油，加至温热时放入蒜蓉炒香，倒入洋葱丝及番茄浆，中小火炒至浓稠时放入肉末。

3. 翻炒至肉熟后，加少许水用小火煮，同时放入菜花煮至酱汁稍变浓稠后关火。

4. 做好的番茄肉酱和提前煮软的意大利面拌均匀即可。

Tips

1. 炒肉酱时也可以加一些宝宝奶酪，味道更香。

2. 肉酱中尽量添加一些膳食纤维丰富的蔬菜，如毛豆、菜花、西兰花等，这些蔬菜既不抢占原本番茄肉酱的风味，也使这一食谱达到碳水化合物（面）+蛋白质（肉）+膳食纤维的最佳搭配。

杨枝甘露粥

材料

芒果 30g，1~2 瓣柚子肉，
酸奶 50g，软米饭 50g

做法

1. 芒果去皮切丁，柚子肉
取 1/4 掰碎成一粒粒果肉。

2. 将芒果、米饭、酸奶、
以及剩余的柚子肉放入料
理机中，低速打成浆。

3. 将掰碎的柚子果肉粒
撒入已经装盘的芒果米饭
糊中。

🌱Tips
1. 芒果具有益胃、解渴、利尿的功用，其果肉多汁，味道鲜美可口，能生津止渴，消
暑舒神，但也不宜多吃。
2. 芒果含有的刺激性物质比较多，过敏体质宝宝应谨慎食用，非过敏体质的宝宝第一
次吃芒果时应遵循少量尝试、观察反应的原则。

黑芝麻酸奶麦片

材料

黑芝麻粉 1 勺，原味酸奶 50g，香蕉 20g，燕麦片 30g

做法

1. 提前从冰箱取出酸奶放至接近常温。

2. 燕麦片加清水煮熟、煮软，将香蕉压成泥放入燕麦粥。

3. 将酸奶与燕麦片混合均匀，撒上黑芝麻粉。

Tips

关于坚果粉、酸奶，建议过敏体质的宝宝 1 岁以内不要食用，非过敏体质的宝宝可在 1 岁以内大月龄时尝试，但要少量尝试、注意观察反应。燕麦属于粗粮，不易消化，建议 9 个月以上宝宝食用。

蜜瓜蛋奶麦片

材料

哈密瓜 30g，牛奶／配方奶 100ml，鸡蛋 1 个，燕麦片 30g

做法

1. 哈密瓜去皮切小丁，鸡蛋打散备用。

2. 锅中放适量水烧开，蛋液均匀撒入成蛋花，再放入燕麦片煮约 5 分钟，等汤变得浓稠顺滑时放入哈密瓜丁。

3. 关火倒入牛奶或调好的配方奶搅拌均匀即可。

水果牛奶粥

材料

牛奶/配方奶100ml，大米50g，什锦水果丁适量

做法

1. 将大米用2~3倍水煮成软米饭。

2. 将牛奶/配方奶、软米饭倒入锅内小火加热并搅拌均匀。

3. 煮开后加入水果丁或蔬果泥。

Tips

奶类食物混合米饭等，会使营养更丰富、口感更有层次，而且，很多小宝宝们更喜欢有奶味的辅食，芒小果就是这样的。

木瓜粗粮豆浆

材料

木瓜 20g，紫米 10g，薏米 10g，大米 10g，糙米 10g，黑豆 10g

做法

1. 所有米和豆至少浸泡 4 小时，最好头天晚上泡上并置于冰箱，这样浸泡效果会更好。

2. 将泡好的米类和豆类沥干，加适量清水用料理机打成浆后倒入锅中煮开。

3. 约煮 15 分钟后，舀 1 小勺尝试下，没有硬颗粒即关火。

4. 木瓜可压成泥或做成造型放入豆浆糊中。

Tips

1. 与干豆直接打豆浆相比，浸泡一夜可以大大减少其体内抗营养物质的含量，且有利于营养成分的吸收。

2. 木瓜可以用其他水果替换。

3. 如果用豆浆机打豆浆，因为粗粮多，容易煳底，使用料理机则能避免该问题。

苹果紫甘蓝奶昔

材料

苹果 50g，紫甘蓝 15g，
牛奶 / 配方奶 100ml

做法

1. 紫甘蓝洗净，在开水里
焯半分钟，捞出切成碎片。

2. 苹果去皮、去核、切块，
在开水里焯一下。

3. 捞出苹果后与紫甘蓝、
配方奶一同放入料理机打
成细腻的糊。

豆腐花蔬菜汤

材料

南豆腐 20g，鸡蛋 1 个，
紫菜适量，绿叶蔬菜 15g

做法

1. 豆腐洗净与鸡蛋一同
搅打成细腻的、可流动的
鸡蛋豆腐浆，紫菜泡发，
绿叶蔬菜切碎。

2. 锅中放适量水烧开后
改成小火，将鸡蛋豆腐浆
缓慢倒入，形成蛋花状凝
固物。

3. 放入紫菜及蔬菜碎，
滴几滴香油或核桃油。

 Tips

这道食谱是专为不爱吃豆腐的小宝宝量身定做的，豆腐搭配蛋液煮出的蛋花口感软嫩，
没有豆腥味。

水果面片藕粉羹

材料

红心火龙果 50g，面粉 100g，藕粉 15g，柚子果肉 20g

做法

1. 将红心火龙果用料理机打成果浆，按照第三章手擀面片的做法用果浆和面做成小面片。

2. 锅内倒入适量清水，下入面片。

3. 藕粉加少许水调成藕粉浆，倒入已经煮好的火龙果面片汤中，边倒边迅速搅拌，使锅内成为均匀的稠羹。

4. 将柚子果肉放入火龙果面片藕粉羹中。

Tips

1. 做好的水果面片吃不完的话，可以置于温暖、通风的地方风干或烘干保存。

2. 和面的食材可以更换为其他具有漂亮颜色的食材。

菠萝雪梨汤

材料

菠萝 50g，雪梨 50g，清水适量

做法

1. 菠萝去皮，洗净切块，雪梨去皮、去核、切块。

2. 炖锅中放入 2 碗水，放入两种水果块，用小火炖煮。

3. 炖至雪梨、菠萝变软即关火。

Tips

1. 菠萝中含有一种菠萝蛋白酶，易使人出现过敏症状，生吃前需要用淡盐水浸泡以破坏菠萝蛋白酶。另外，高温蒸煮也同样能够破坏它。

2. 这道汤具有淡淡的菠萝清香和雪梨的甜味，具有开胃、清热、解暑的辅助功效。

奶油芋头汤

材料

牛奶/配方奶100ml，芋头50g，小番茄20g，蒜苗碎少许

做法

1. 芋头去皮、切条蒸熟，小番茄切片备用。

2. 牛奶倒入锅中用小火加热，煮开后放入蒸熟的芋头条及番茄片续煮至汤汁稍变浓稠。

3. 撒入少许蒜苗碎关火。根据宝宝月龄酌情加盐或酱油调味。

Tips

这道汤可咸可甜，加入肉类可以做成咸味汤（可放少许酱油调味），加入其他甜味水果或蔬菜如木瓜、南瓜等就变成简单的宝宝甜品了。

红薯糙米糕

材料

红薯泥 90g，糙米粉 40g，鸡蛋 1 个

做法

1. 红薯蒸熟压成泥。

2. 将红薯泥和糙米粉水分混合。

3. 取出鸡蛋蛋清，置于无水无油的碗中，高速打发至硬性发泡。

4. 将打发的蛋清放入红薯糙米泥中，用炒菜的手法翻拌，将两者混合均匀（不要用打圈的手法哦，这样蛋清会消泡，糙米糕就不松软了）。

5. 完全混合直到看不见白色蛋清。

6. 将拌好的混合物倒入模具，上锅大火蒸 15~20 分钟。

Tips

1. 可以尝试用山药擦丝代替蛋清，山药擦细丝时会有很多黏液，黏液经过高速搅打混入空气后能起到一定的蓬松作用。

2. 红薯可以用其他食材代替，芋头、南瓜、紫薯或者香蕉等都可以。

宝宝版凉水鱼鱼

材料

普通面粉 100g，玉米面 40g，荞麦粉 20g，海鲜菇 5g，荷兰豆 10g，番茄 30g，紫菜、蒜苗少许

做法

1. 混合 3 种面粉后加 1 小碗水调成面糊，搅拌至无面粉颗粒的状态。

2. 锅内加少量水烧开，倒入面糊并调至中小火，边煮边用擀面杖或木勺朝一个方向搅拌。

3. 搅的过程中如果太干可以少量加水，水加入后面团会化成渣状，继续搅一会就成黏稠的面糊了。最后搅到擀面杖或勺子可以立住为止。

4. 关火并迅速将稠面块放在蒸锅的蒸笼上，用铲子挤压稠面块，使其从蒸笼的洞眼穿过并掉入蒸笼下的凉水中迅速冷却成型。这就是凉水鱼鱼了。

5. 锅内放少许油，油热后放入蒜苗炒香，随后放番茄丁炒至稀烂，再加适量清水。

6. 放入海鲜菇丁、荷兰豆丝、紫菜碎（紫菜提前泡发并剪碎）煮开后续煮 3~4 分钟使蔬菜完全熟透。

7. 关小火酌情加盐、醋调味，放入做好的凉水鱼鱼，稍微加热半分钟即可。

Tips

1. 凉水鱼鱼为陕西的一道特色小吃，以粗、细粮为原材料，有小鱼儿的形状，口感润滑入口即化，也很适合小宝宝食用哦。炎热夏天宝宝一般胃口都不好，做道凉水鱼鱼给宝宝解暑吧。

2. 粗细粮没有一定的比例，可自行调整。粗粮多的话做出来的口感比较松软。只用玉米面和普通面粉制作也非常好吃。

3. 搅面团时搅得越久，鱼鱼越有劲道越滑溜溜。

4. 凉水鱼鱼当天做当天吃，多出来的全家都可以吃。

南瓜酸奶豆腐布丁

材料

豆腐 30g，自制原味酸奶 50g，蒸熟的南瓜 30g

做法

1. 豆腐洗净，在开水中焯煮 2 分钟后捞出沥干。

2. 将煮好的豆腐和酸奶、南瓜一起倒入料理机打成细腻的稠糊，盛入小碗或杯子，静置冷却后会呈微凝固状态。

Tips

1. 南瓜可以替换为其他食材，做成各种口味和色彩的酸奶豆腐布丁，如香蕉、紫薯、黑芝麻、红心火龙果等。

2. 豆腐尽量选用嫩豆腐，豆腥味小很多，但不宜用内酯豆腐，因其钙及蛋白质含量都很低，不符合宝宝食物的营养密度标准。

15～18个月：小块状辅食

　　这个阶段宝宝能吃的食材越来越多，宝宝的适应能力也越来越强，很多新添加的食材往往观察一天没有问题就可以继续添加下去。

　　对于每日的辅食安排，这段时间仍是每天安排 3 次辅食，上午或下午增加一次水果或酸奶。吃饭渐渐和大人同步，这样有助于宝宝养成较为规律的用餐习惯。虽然辅食越来越像主食，但芒小果每日的奶量仍旧保持在 400ml 左右。

　　这段时间我在微博上发的芒小果辅食食谱越来越受到妈妈们的喜欢，她们根据自己宝宝的口味挑选一些芒小果吃过的辅食给宝宝吃，结果宝宝都很爱吃，看着妈妈们发送的一张张宝宝爱吃的辅食照片，我瞬间感觉到满满的幸福。

　　不知道妈妈们平时在做宝宝辅食时是不是也和我一样喜欢用五颜六色的食材呢。我是尽量给芒小果添加多一些具有鲜艳明快的天然色彩的食材。赤橙黄绿青蓝紫七个颜色中，除了蓝色的天然食材找不到，其他真是数不胜数。我最常用的赤色食材有甜菜根、苋菜等，橙色食材有胡萝卜、红薯、木瓜等，黄色食材有蛋黄、芒果、南瓜等，绿色食材有菠菜、小白菜、豌豆苗、抹茶等，紫色食材有紫甘蓝、紫薯等，黑色食材有黑芝麻、黑米等。对小宝宝来说，不同颜色的食材代表不同的营养和功效，色彩的多样化也代表营养的均衡化。膳食中把各种色彩的食物搭配食用，能避免宝宝偏食或挑食，也有利于其身体和大脑健康均衡地生长和发育。另外，五颜六色的食物对宝宝视力发育和识别颜色也有一定帮助哦！

时蔬蛋黄拌饭

材料

胡萝卜 10g，豌豆 10g，玉米粒 10g，煮鸡蛋 1 个，盐和香葱少许，软米饭 60g

做法

1. 剥开鸡蛋，分离蛋白和蛋黄，蛋白切成碎丁，蛋黄压成泥备用。

2. 胡萝卜洗净，切碎丁或薄片。

3. 锅内放少许油加至温热后放入香葱，随即放入胡萝卜，豌豆，玉米粒，蛋白丁等清炒。

4. 半分钟后加入适量水及蛋黄泥煮开后，倒入软米饭搅拌均匀。

 Tips

所有蔬菜类食材可根据宝宝喜好替换，可选择当季的时令蔬菜。

奶油虾仁浇饭团

材料

大米、糙米、黑米、燕麦的混合物 30g，黑芝麻粉适量，牛奶 100ml，虾仁 20g，豆腐 10g，丝瓜 20g，海鲜菇 10g，西兰花 15g，彩椒丁 10g

做法

1. 先做饭团。除黑芝麻粉外，所有混合物提前浸泡2 小时，沥干后加 2~3 倍水煮成软米饭。

2. 米饭熟后稍晾至不烫手，搓成球状。

3. 在黑芝麻粉里滚一下使其粘上一层黑芝麻。

4. 锅内加少许油放入蒜末炒香，放入海鲜菇碎、豆腐虾仁翻炒约 1 分钟。

5. 倒入牛奶，放入丝瓜片和虾仁、豆腐、海鲜菇碎，小火炖煮约 7~8 分钟至奶汁变浓稠。

6. 放入西兰花碎和彩椒丁续煮半分钟关火，根据宝宝月龄酌情加盐。

7. 将奶油虾仁汁浇到饭团上即可。

茄汁肉酱豆腐糕

材料

豆腐 30g，面粉 20g，大番茄 50g，瘦肉 15g，豆角 10g，菜花 10g，蒜蓉少许

做法

1. 豆腐加少许水打成泥，加入面粉或大米粉调成非常浓稠的糊。

2. 将调好的糊糊倒入抹了油的模具或碗中，再用大火蒸 10~13 分钟，冷却后取出切成条状备用。

3. 番茄去皮打成浆，豆角、菜花切碎，瘦肉洗净剁成肉泥。

4. 锅内放适量油，温热时

放入蒜蓉炒出香味，倒入番茄浆炒至变浓稠时放入肉泥并迅速搅拌，避免肉泥结块，接着放入豆角。

5. 翻炒至肉熟后加少许水用小火煮，同时放入菜花，等酱汁稍变浓稠关火。
6. 倒入切好的豆腐糕搅拌均匀。

Tips

1. 豆腐糕是一种非常好的主食，如果在制作豆腐泥的时候添加一些富含膳食纤维的蔬菜效果更好。
2. 肉酱中的肉可用各种肉类，鱼肉最佳。鱼肉配豆腐，更有利于钙的吸收。
3. 蒸好的豆腐糕吃不完的话，可以密封速冻保存，2周内吃完即可。

肉丸玉米面疙瘩

材料

香菇牛肉丸 15g，玉米面粉 15g，普通面粉 15g，番茄 20g，洋葱 10g

做法

1. 两种面粉混合均匀，加适量水调成稠面糊备用。

2. 锅里放少许油烧热后，放入洋葱、牛肉丸（做法参照第三章"口感嫩滑的芙蓉丸子"的做法）及番茄炒出香味。

3. 用宝宝饭碗盛一碗半清水倒入锅内，煮开。

4. 参照第三章"面疙瘩"中手搓面疙瘩的做法，将面糊拨到锅里，续煮 1~2 分钟，面疙瘩熟透即可。

三文鱼糙米炊饭

材料

糙米 15g，大米 15g，洋葱 10g，三文鱼 20g，海鲜菇 10g，豌豆 5g，鸡蛋 1 个

做法

1. 锅内倒少许油，放入洋葱碎爆香，依次放入三文鱼丁、海鲜菇丁、豌豆翻炒半分钟。

2. 淘好的糙米、大米放入炒锅，加适量清水（煮饭的水量）煮开关火。

3. 所有材料倒入宝宝炖锅，加盖炖约 1 小时。

4. 等饭粒完全熟透，将打散的鸡蛋液均匀倒入锅中，继续加盖炖 30 分钟直至蛋液全部焖熟。（如果觉得麻烦可以在炒锅中进行这一步。）

5. 吃前撒些海苔碎，芝麻粉，可根据宝宝月龄酌情加宝宝酱油增加香味。

香菇肉末豆腐炖饭

材料

泡发的香菇3朵，豆腐30g，瘦肉20g，彩椒15g，蒜末少许，软米饭50g

做法

1. 提前蒸好软米饭备用。

2. 所有材料切丁。

3. 锅里倒少许油烧至温热，放入蒜末炒出香味，陆续放入香菇丁，豆腐丁，肉末，用小火翻炒1分钟后加入一小碗水煮。

4. 将米饭倒入锅内搅拌均匀，再次煮沸后放入彩椒丁，续煮至适合宝宝的稠度时关火。可酌情加少许盐调味。

海鲜绿蔬柳叶面

材料

北极贝 10g，三文鱼 10g，海鲜菇 10g，海苔、葱花少许，西兰花 50g，面粉 100g

做法

1. 北极贝洗净切丝，三文鱼切丁，海鲜菇切碎。

2. 西兰花洗净加 20g 清水用料理机打成浆，这个浆用来和面，可参考第三章"手擀面条"的做法制成绿蔬柳叶面。

3. 锅里放入少许油，温热后放入海鲜菇、北极贝、三文鱼，微炒 1 分钟。

4. 倒入 1 碗水烧开后下入 30g 柳叶面及其他配料，约煮 3 分钟左右面条变软变熟。

5. 关火前撒入葱花、海苔等，可根据宝宝月龄酌情加盐。

肉末蝌蚪面

材料

胡萝卜 20g，瘦肉 30g，绿豆芽 5g，莴笋 10g，甜菜根粉 2g，面粉 50g，清水 30g，黑芝麻和蒜蓉少许

做法

1. 将甜菜根粉，面粉及清水混合，参照第三章"手擀面条"的做法制成红色面团。

2. 直接揪取一小块面团，用手搓成直径约为 3mm 的粗圆长面条，然后每隔 4cm 左右用大拇指和食指捏住并掐断，得到的小段面条就变成蝌蚪状。

3. 蝌蚪面条全部揪完以后，倒入开水锅中约煮 3 分钟至面条煮熟，滴入少许橄榄油拌匀防止粘连。

4. 胡萝卜、莴笋切细丝，瘦肉加少许水及淀粉剁成肉泥。

5. 锅内放油少许蒜蓉炒出香味，依次放入胡萝卜、莴笋、绿豆芽、瘦肉泥等，再加半碗水煮至熟透变软。

6. 放入沥干的蝌蚪面条，稍微翻炒搅拌均匀，滴几滴酱油关火。

7. 根据个人喜好，可以用黑芝麻点缀成可爱的蝌蚪眼睛。

Tips

同样的面条，简单换个造型宝宝就十分乐意吃。可根据宝宝喜好来尝试不同的造型。

白萝卜虾仁烩饭

材料

白萝卜 30g，野生小河虾 30g，青豆 10g，豆腐 15g，蒜蓉葱花少许，软米饭 50g

做法

1. 白萝卜切丝，小河虾洗净后去皮去头，豆腐切丁。

2. 锅内倒少许油烧热，放入蒜蓉炒出香味，随即放入小虾仁、白萝卜丝、豆腐丁、青豆等配料，翻炒1分钟后加入适量清水，用小火炖煮。

3. 虾仁及青豆煮软后放入米饭续煮至汤变浓稠，再放入适量宝宝酱油及葱花，即可关火。

鱼丸米饭布丁

材料

鸡蛋 1 个，鱼丸 20g，芦笋 20g，蘑菇 30g，番茄 20g，彩椒 10g ，软米饭 50g，海苔和葱花少许

做法

1. 除了鱼丸和鸡蛋，其他所有材料均切丁。

2. 鸡蛋打散，和其他所有材料混合均匀，上蒸锅加盖用大火蒸 15 分钟。吃时可酌情加调味料。

Tips

这道布丁的食材除了鸡蛋和米饭，其他均可以根据宝宝口味替换。

海苔鸡蛋馒头片

材料

馒头片 50g，蛋液 30g，
香葱碎，海苔碎适量

做法

1. 馒头切片，蛋液打散。

2. 将海苔碎、香葱碎撒入
蛋液中搅拌均匀。

3. 馒头片放入蛋液浸湿，
取出后放入蒸锅中蒸 5~8
分钟即可。

Tips

1. 用蒸锅蒸和用不粘锅煎
是不同的做法，可适当根
据宝宝喜好进行调节。

2. 也可用烤箱制作，但比
用不粘锅煎耗油。

芦笋土豆蛋沙拉

材料

水煮蛋 1 个, 芦笋 20g,
土豆 30g, 小番茄 20g

做法

1. 土豆蒸熟切小丁, 芦笋
用滚水焯熟, 小番茄过滚
水后去皮。

2. 水煮蛋取蛋白切丁, 蛋
黄滴几滴芝麻油或橄榄油
调成糊状, 酌情加适量盐
或酱油。

3. 用蛋黄糊作为沙拉酱浇
在其他材料上拌匀。

Tips

用芝士与蛋黄混合调成
蛋黄奶酪酱也非常美味。

土豆三文鱼厚蛋烧

材料

鸡蛋 3 个，熟土豆 30g，
三文鱼 50g，香葱碎
15g，小番茄 30g，盐少许

做法

1. 将三文鱼和蒸熟的土豆
切碎丁，小番茄用开水煮
半分钟，去皮，用料理机
或研磨碗处理成泥。

2. 鸡蛋打散，将三文鱼丁，
土豆丁，香葱碎全部倒入
蛋液，混合均匀，加入少
许盐。

3. 不粘锅中涂薄薄一层
橄榄油，用汤勺舀一勺
混合蛋液放入锅内，迅
速晃动锅体使蛋液均匀
铺满锅底，再用小火煎
至蛋液凝固。

4. 从右往左把蛋皮卷成
蛋卷。

5. 蛋卷推至右边，舀大
半勺蛋液放在蛋卷左边
空位，迅速摊开，待凝
固后将右边蛋卷继续往

左边卷。

6. 重复以上做法直至蛋液用完，最后煎成一个厚蛋饼。

7. 锅内放少许水，加盖小火焖 5 分钟。

8. 出锅，稍冷却后切块装盘，淋上小番茄泥。（小番茄
泥酸酸甜甜与厚蛋烧简直是绝配。）

Tips

1. 我做的厚蛋烧和大家的不同之处在于最后用水煎焖的步骤，因为是给宝宝吃的，这样处理使得煎蛋更嫩也不易上火。

2. 肉类和蔬菜可以根据宝宝的喜好更换，比如鳕鱼和西葫芦都非常美味，这些我都试过。

3. 还可以加入少许芝士，做成奶酪味厚蛋烧。

4. 给 1 岁以内的宝宝做这道辅食时不要放盐。

黄金小馄饨

米糁，加入约90g的清水和成面团。

3. 醒20分钟左右，按照第三章手擀面条的做法擀成薄面皮并切成小面片。

4. 肉末和洋葱均剁成蓉加数滴香油拌匀制成馅料，将其与皮包成馄饨。

5. 锅内放适量清水煮开下入馄饨，番茄片以及海鲜菇碎。

6. 约煮10分钟待馄饨熟透后，放入芹菜叶碎续煮1分钟关火，滴数滴香油或核桃油，酌情加调味料。

材料

番茄20g，芹菜叶4~5片，海鲜菇20g，面粉100g+玉米面粉500g+熟玉米糁20g，肉末50g，洋葱20g，香油数滴

做法

1. 玉米糁泡水5小时后蒸熟，冷却待用。

2. 普通面粉与玉米面粉按照2:1的比例混合熟玉

Tips

由于馄饨皮是杂粮面皮，筋度较低，包的时候延展性不好，容易开裂，所以面皮不要擀得太薄。

蜜瓜鸡肉蛋包饭

材料

鸡蛋 1 个，鸡肉 30g，熟米饭 50g，哈密瓜 30g，洋葱 15g，彩椒 10g

做法

1. 鸡蛋打散，鸡肉、哈密瓜、彩椒、洋葱均切成小丁。

2. 锅内倒少许油烧热放入洋葱炒出香味，随后放入鸡肉丁，哈密瓜条翻炒半分钟。

3. 加少许水用小火焖炒至鸡肉熟透后倒入米饭，搅拌均匀后放入彩椒丁，关火焖 1 分钟。

4. 锅内倒适量油烧热，将蛋液倒入锅内摊成饼，等其底部凝固后顺锅边倒入些水，用小火焖到水分快干时关火，将蛋饼铺在炒饭表面。

茄酱豆腐布丁

材料

鸡蛋 1 个，豆腐 20g，瘦肉 5g，四季豆 10g，莲花白 10g，番茄 30g

做法

1. 豆腐洗净，与鸡蛋一起搅打成细腻的浆，稍静置后倒入蒸蛋盅，蒸锅上气后蒸 10 分钟。

2. 番茄、瘦肉剁成泥，四季豆切小丁，莲花白切细丝。

3. 锅内倒少许油烧热，陆续放入番茄、肉泥、四季豆、莲花白及少量水煮至汤汁稍变黏稠关火。

4. 将做好的蔬菜酱汁浇在蒸好的豆腐鸡蛋布丁上。

金针菇肉末芙蓉蛋

材料

鸡蛋 1 个，金针菇 10g，
牛肉末 30g，洋葱 10g，
葱花少许

做法

1. 金针菇去根洗净切碎，
洋葱切碎。

2. 鸡蛋打散加入清水，
水与蛋的比例约为 1:2。
加入少许葱花和金针菇碎
加盖蒸 8~10 分钟。

3. 锅内倒少许油烧热，
放入洋葱碎爆香，加入牛
肉末和金针菇碎翻炒约半
分钟，加几滴酱油调味。

4. 加少许水熬煮至收汁
关火。

5. 将金针菇牛肉酱倒在
蒸好的鸡蛋上。

胡萝卜豆腐鸡肝拌饭

材料

鸡肝 20g，胡萝卜 30g，豆腐 15g，芹菜叶或香菜叶 4~5 片，蒜蓉少许，藕粉 1 勺，软米饭 50g

做法

1. 鸡肝用冷水浸泡半小时后，用流水充分清洗，并将其中血管挑去，处理干净后用滚水焯煮去掉血沫，捞出沥干剁碎。

2. 胡萝卜洗净后，擦成细丝，豆腐切丁，菜叶切碎，藕粉用少许温水调开备用。

3. 锅内放少许油，放入蒜蓉小火炒出香味后，陆续放入胡萝卜、鸡肝翻炒 1 分钟。

4. 加入少许水，放入豆腐煮 2~3 分钟后，将藕粉水倒入续煮至黏稠状。

5. 关火前放入菜叶碎，搅拌均匀后搭配米饭食用。

 Tips

用藕粉勾芡可使口感变得润滑，也可不用藕粉勾芡。

茄汁鱼柳配南瓜蝴蝶面

材料

蝴蝶意粉 30g，南瓜 50g，洋葱 10g，毛豆 10g，鳕鱼 30g，芹菜叶 4~5 片，番茄 30g

做法

1. 南瓜提前蒸熟，压成泥。意面提前用清水浸泡半小时。

2. 锅内加适量清水，放入意面煮软后，再放入南瓜泥煮至浓稠。

3. 鳕鱼去皮去刺，切成条，番茄去皮压成泥，洋葱切小丁，芹菜叶切碎，毛豆煮熟煮软。

4. 锅内放少许油加热，放入洋葱，再放入番茄泥翻炒至稍微浓稠。

5. 放入毛豆、鳕鱼条煸炒 1 分钟后加少许水炖煮至将要收汁。

6. 放入芹菜叶碎，加盖关火焖 1 分钟，酌情加调味料。

Tips

1. 鳕鱼皮不要扔，可用油煸炒一下，待油脂浸出后，大人宝宝都能吃。

2. 烹饪前一定要仔细将鱼刺去除干净。

无花果粥

材料

大米 50g，新鲜无花果 20g

做法

1. 无花果去皮、切块，大米淘洗一遍后与无花果一同放入宝宝炖锅中。

2. 加入 7 倍水，用小火慢炖成粥。

Tips

1. 可以用现成的软米饭加水同无花果一起煮，至较为浓稠的粥。

2. 无花果营养价值很高，属于药食同源的食物。能促进食欲，帮助消化，润肠通便。它还有抗炎消肿的作用。

3. 无花果是光敏性食物，食用后再晒太阳容易引起日光性皮炎。常见的莴苣、苋菜、荠菜、芹菜、菠菜、油菜、芥菜、无花果、柑橘、柠檬、芒果、菠萝以及海鲜等都含有光敏性物质。

当然，要同时具备光敏性物质和阳光 2 个条件才可能出现皮炎，因此吃完后要做好防晒尤其是过敏性体质人群，但也不必过于恐慌而远离这些食物。

蓝莓杨梅马蹄粥

材料

蓝莓 10g，杨梅 10g，鲜马蹄（荸荠）30g，软米饭 50g

做法

1. 杨梅洗净切成薄片。

2. 新鲜马蹄洗净削去皮，加少许水用料理机打成细腻的浆。

3. 锅内加少许清水，放入马蹄浆煮开后放入软米饭搅拌均匀。

4. 再次煮开后加入杨梅和蓝莓，关火。

Tips

杨梅营养价值高，富含钙、磷、铁等微量元素，是天然的绿色保健食品。

百合红豆蜜瓜粥

材料

紫薯 100g，山药 150g，红豆 30g，百合 15g，大米 100g，哈密瓜 100g

做法

1. 红豆、百合提前浸泡 1 小时。

2. 除哈密瓜外，其他材料均放入高压锅中，加 10 倍水小火熬 1~2 小时。

3. 可将哈密瓜切成条或薄片拌入粥里。

Tips

这是 3 人份的用量，妈妈们也可以一起喝。

雪梨莲藕陈皮粥

材料

陈皮 2g，雪梨 30g，莲藕
30g，大米 30g

做法

1. 雪梨去皮去核切成小
块，莲藕去皮切成小块，
陈皮洗净。

2. 大米淘洗干净沥干。

3. 锅内放入相当于大米 5
倍左右的水，将所有材料
放入锅内煮开。

4. 转移至宝宝炖锅炖煮
1 小时。

黑芝麻山药豆腐布丁

材料

黑芝麻粉10g，山药100g，豆腐20g，香蕉20g

做法

1. 山药段去皮、洗净、蒸熟，豆腐煮熟。

2. 所有材料放入料理机，加适量清水打成糊。

Tips

1. 山药健脾益气，能促进食欲，增强消化功能，豆腐营养丰富，有益气养血，补虚益脏的功效，另外还有清热作用，因此豆腐和山药搭配更有开胃，益气补虚之效。

2. 这个布丁的制作可以有多种搭配，如南瓜豆腐布丁，紫薯酸奶豆腐布丁，大家还可以根据宝宝的口味更换不同的食材。

3. 加入香蕉是为了调味，山药、豆腐、黑芝麻的味道都比较淡，加入香蕉宝宝接受度会提高。

蔓越莓黑米糕

材料

蔓越莓 10g，黑米 10g，大米 30g，牛奶 60ml，蛋清 30g

做法

1. 混合黑米和大米，用磨豆机磨成粉。

2. 混合米粉内加入牛奶，使其呈刚好被牛奶打湿的稠糊状。

3. 蛋清置于无水无油的碗中，用打蛋器高速打发至硬性发泡。

4. 将打发的蛋清放入米糊中和一些蔓越莓搅拌。

5. 翻拌将食材混合均匀（不要用打圈的手法哦，这样蛋清会消泡，米糕就不松软了），直到看不见白色蛋清。

6. 拌好的米糊倒入模具，再点缀些许蔓越莓干，用大火蒸 15~20 分钟。

Tips

1. 黑米、大米可用其他米类代替，用面粉也可以，但这样蒸出来的就是蛋糕了，不过最好不要用宝宝即食米粉制作，会失败。

2. 蔓越莓干也可用其他食材如葡萄干等替换。

芒果米饭布丁

材料

芒果 30g，软米饭 50g，
香蕉 20g，南瓜籽粉 1 勺

做法

1. 提前将大米用 2~3 倍
水煮成稍软的米饭。

2. 芒果去皮，切成小块与
米饭、香蕉一起放入料理
机打成浓稠的糊。

3. 装入小碗或小杯，撒 1
勺南瓜籽粉。

山药杂粮米饼

材料

山药 80g，黑糯米 10g，大米和糙米的混合物 40g，速冻豌豆和玉米共 15g

做法

1. 山药去皮切小块。

2. 各种米混合后用磨豆机或料理机打成粉（可带有一些粗颗粒），加清水搅拌静置沉淀后倒去水分。这一步也可以是先淘米后稍微加水用料理机打成粗一点的米浆（注意米浆或米粉不要含水太多）。

3. 山药用料理机或搅拌棒打成黏稠的浆后，持续搅打或换用打蛋器将山药浆打至膨胀（能看到山药浆中富含小泡沫即可）。

4. 将膨胀后的山药浆倒入米粉或米浆中用勺子或刮刀翻拌均匀。再放入速冻豌豆及玉米拌匀。

6. 将混合食材移至盘子或其他器具中，在蒸锅中加适量水，等水开后将其上锅蒸15 分钟。

 Tips

1. 黑糯米富含花青素，与大米同浸泡时会将大米染为淡紫色。
2. 山药去皮时最好戴上手套处理，因为山药的黏性汁液易使人皮肤瘙痒。
3. 目前市面上的米处理得比较干净，无须过多淘洗。

蓝莓豆腐布丁

材料

鸡蛋 50g，蓝莓 30g，豆腐 30g，紫薯粉 5~10g

做法

1. 蓝莓留出十几颗做酱汁，将剩余材料全部混合，用料理机或搅拌棒打成糊。

2. 将糊倒入蒸碗或模具中，大火蒸 15 分钟。

3. 在平底锅中加少许水，放入蓝莓煮开直至蓝莓爆裂，待锅内水分减少，汤汁变稠时关火。

4. 布丁蒸好后稍微冷却至不烫手后脱模，浇上蓝莓酱汁即可食用。

Tips

1. 紫薯粉也可以用 30g 蒸熟的紫薯压成泥代替。
2. 蓝莓煮熟后口味较酸，可以适量加少许糖来调味。

19～24个月：块状辅食

　　这个阶段的宝宝能吃块状辅食了，而且饮食也逐渐形成一日三餐的规律，"辅食"也慢慢变为"主食"了。这时候多样化的食材加上合理的搭配，会让宝宝摄入均衡的营养。

　　对于每日的辅食安排，芒小果这段时间依然是一日三餐，逐步过渡到与大人一样按时吃饭，食材安排也更加丰富了。

　　对于什么都慢热的芒小果，终于在这个阶段能够乖乖地自己吃饭了。而在以前，如果大人不喂饭给她吃，"可怜的"饭菜就会被当作玩具或涂料，所以我也很开心她能独立吃饭。

　　说起如何"对付"不爱吃饭的宝宝，芒小果妈妈可是太有实战经验了。一般来说宝宝不爱吃饭很大的原因是因为贪玩或不喜欢当时的食物形状，味道或口感，这时就需要妈妈们引导宝宝将注意力集中在食物上，让宝宝对食物感兴趣。我们可以改变食物的形状，制作一些可爱的食物，也可以改善食物的口感和味道，多多尝试不同的搭配，让宝宝爱上辅食。

蔓越莓蒸蛋糕

材料

鸡蛋 3 个，蔓越莓干 50g，低筋面粉 70g，小麦胚芽粉 20g，牛奶 60g，玉米油 10g

做法

1. 分离蛋清蛋黄，将蛋清置于无油无水的碗中冷藏，蔓越莓干剁碎或用料理机打成碎丁。

2. 取另一干净碗放入面粉、胚芽粉、蛋黄、牛奶、玉米油、蔓越莓丁，并用刮刀轻轻搅拌均匀。

3. 取出蛋清，用打蛋器打发至硬性发泡。

4. 取 1/3 打发的蛋清放入 2 中，用刮铲由下至上翻拌均匀（不要打圈）。

5. 将剩余的蛋清继续用刮刀上下翻拌为均匀可流动的稠面糊。

6. 将面糊倒入模具，轻震模具使面糊表面平整。

7. 提前将蒸锅里的水烧开，再将模具迅速移至蒸锅并加盖。

8. 大火蒸 15~20 分钟即可关火。关火后稍等 2 分钟再掀盖以免蛋糕遇冷回缩严重。

9. 蛋糕取出稍微冷却后即可脱模食用。

Tips

1. 蔓越莓干、小麦胚芽粉可以不放。

2. 本食谱中除了打发蛋清，也可将蛋黄打发，这样成品会更松软。方法如下：
①分离后的蛋黄放入干净盆中，下面坐浴热水有助打发。
②放少许细砂糖（我用的木糖醇）用打蛋器高速搅打，直至蛋黄体积变为原来 3 倍左右，颜色变浅，成为非常稠的可以画线且不会很快消失的状态即可。

③打发后的蛋黄加入该食谱做法中前2步的其余材料，用刮刀由下至上翻拌均匀。

3. 这款点心因为含有蛋清故适合1岁以上宝宝食用，若您的宝宝已经添加蛋白且无过敏反应，也可以尝试制作。

4.1岁以下或对蛋清过敏的小宝宝，妈妈可以尝试用蛋黄打发制作，我没有试过，但理论上可以，或者用酵母发酵面糊起膨松作用。

鳕鱼千层面

材料

面粉 100g，鸡蛋液 50g，鳕鱼 30g，彩椒 15g，速冻熟豌豆 15g，甜玉米粒 15g，洋葱 20g，小番茄 50g，牛奶 100ml，面粉 1 小勺，马苏里拉奶酪 10g

做法

1. 面粉加鸡蛋和成面团，参考第三章"手擀"面片的做法，将其擀成厚约 0.1cm 的面皮，并切成与将要用的焗饭碗底部大小相近的面片。取面片 4~5 张放清水中煮熟，煮的时候滴几滴橄榄油防粘。煮好后捞出。

2. 将鳕鱼、彩椒、洋葱切成丁，小番茄切成片。

3. 锅内倒少许油，放入洋葱丁慢慢炒香，再放入鳕鱼丁翻炒半分钟，然后将提前调好的面粉与牛奶糊倒入锅内，煮开后用小火煮至黏稠。

4. 取 1 个大小合适的饭碗，放 1 张煮熟的面片，铺 1 层鳕鱼洋葱酱，撒少许彩椒丁、豌豆玉米粒及番茄片，重复以上做法直至铺满碗，最后将马苏里拉奶酪擦丝，均匀铺在表面。

5. 烤箱预热 200℃，上下火烤 10 分钟，待表面奶酪化掉，轻微上色即可。

Tips

1. 现做千层面片可能较为麻烦，也可用 2 张馄饨皮代替 1 张千层面皮。没用上的面皮都可以冷冻保存，未煮的也可冷冻保存。一般进口超市也有现成的千层面出售。

2. **焗**饭也可换用蒸锅蒸 10 分钟，只要表面奶酪化掉即可，这样做出来的口感比烤箱做的要软嫩一些。

3. 马苏里拉奶酪宝宝可能会不喜欢，可用其他奶酪代替，或挑走不给宝宝吃。

番茄土豆鸡丁饭

材料

小番茄 50g，土豆 30g，鸡胸肉 30g，芦笋 20g，熟米饭 50g，葱花和蒜蓉少许

做法

1. 番茄去皮切碎，土豆切条，煮熟，鸡胸肉、芦笋均切成丁备用。

2. 锅内倒少许油烧热，放入蒜蓉炒出香味，陆续加入番茄碎、鸡肉丁、土豆条及适量清水。

3. 等鸡肉煮熟、汤汁浓稠时倒入米饭及芦笋丁。

4. 搅拌使汤汁与饭粒混合均匀，等芦笋熟后撒入适量葱花蒜蓉即关火。可根据宝宝情况酌情加盐。

 Tips

1. 米饭可用面条代替，很适合 1 岁半以上的宝宝食用。

2. 2 岁内的宝宝消化功能并不是很强，因此米饭不宜太硬。

3. 小番茄具有提味、提鲜的功效，因此盐、酱油等调味料应比平常稍少些。

花菇牛肉泡馍

材料

泡发的海带 10g，泡发的花菇 2 朵，牛里脊或牛腩 50g，杂粮烧饼 50g，芦笋 10g，芹菜叶 1 片，蒜蓉少许

做法

1. 芦笋、花菇切丁，芹菜叶切碎，海带切小段，烧饼切成米粒大小的碎丁。牛肉切块淘洗几遍。

2. 锅内倒少许油加热后放入蒜蓉炒香，再放入其他材料煸炒 1 分钟。

3. 加入 1 碗水煮开，撇去血沫后倒入宝宝炖锅，炖 2 小时直至牛肉炖烂。

4. 取适量炖肉及汤料，加少许清水煮开，将烧饼粒放入锅内煮至软烂。

5. 放入芦笋丁、芹菜叶碎关火焖一会，吃时根据宝宝情况少量加盐调味。

Tips

1. 杂粮烧饼也可以用馒头代替，但馒头泡汤后口感较为软糯，更适合小月龄宝宝。

2. 泡馍是陕西名小吃，整日思乡情切的芒小果妈琢磨着将高脂肪、高热量、低纤维的泡馍重新搭配，得到一份粗细粮搭配、富含蔬菜纤维的营养宝宝餐，效果居然出奇的好，芒小果都吃完了呢，妈妈们也可以尝试改造家乡小吃哦。

茄子肉末海带面

材料

海带面条 30g，茄子 20g，瘦肉 30g，番茄 20g，蒜蓉、葱花少许，藕粉芡汁少许

做法

1. 参照"菌汁鳕鱼海带面"中海带面条的做法准备好 30g 生海带面条。

2. 茄子切成碎丁，番茄剁碎，瘦肉剁成肉泥。

3. 锅内少许油烧温热，放入蒜蓉炒出香味，依次放入番茄碎，肉泥翻炒均匀成茄汁肉末。

4. 放入茄子丁加少量水，小火焖煮至茄子熟透后倒入芡汁拌匀。撒入葱花关火盛出。

5. 另在锅中放水煮开，下入海带面条，等其熟后捞出拌上茄子肉末酱即可。

红汤蘑菇通心粉

材料

自制肉丸 30g，白蘑菇 15g，牛奶 100ml，洋葱 15g，甜菜根粉 2g，幼弯型通心粉 30g，葱花少许

做法

1. 通心粉提前半小时用冷水浸泡，洋葱切碎，白蘑菇切片或丁。

2. 将浸泡好的通心粉放入开水中煮软，捞出滴几滴橄榄油防粘。

3. 锅内倒少许油，小火加热，放入洋葱碎炒出香味，放入蘑菇丁、肉丸及牛奶煮至汤汁变粘稠。

4. 倒入通心粉续煮至大部分汤汁被通心粉吸收时，撒入甜菜根粉搅拌均匀，撒葱花后关火。可根据宝宝情况加盐调味。

Tips

有新鲜甜菜根的地区，可以采购新鲜甜菜根来制作，效果更好，可将 20g 新鲜甜菜根切丁，在制作第 3 步时放入锅内与其他食材一起煮。

五彩银鱼烩饭

材料

银鱼 30g，西兰花 10g，玉米粒 10g，彩椒 10g，泡发的香菇 2 朵，胡萝卜 10g，洋葱 10g，熟米饭 50g，蒜蓉少许

做法

1. 所有肉类和蔬菜类食材都切成小丁备用。

2. 锅内倒少许油烧热，放入蒜蓉炒出香味。

3. 放入洋葱、银鱼、胡萝卜、香菇、玉米粒翻炒 1 分钟后加少许水炖煮至快收汁。

4. 放入熟米饭、西兰花、彩椒丁翻炒至收汁。根据宝宝情况酌情添加适量调味料。

Tips

所有食材都可以根据个人喜好重新搭配。

肉丸茄子煲仔饭

材料

自制牛肉马蹄丸 4~5 个，茄子 30g，西葫芦 10g，小番茄 4~5 个，洋葱 10g，海苔 1 片，葱花适量，大米 15g，糙米 15g

做法

1. 茄子、西葫芦切小块，洋葱切丁，米淘好。

2. 锅内少许油加至温热，放入洋葱慢慢炒出香味，放入一半小番茄翻炒。

3. 番茄炒出汁后放入茄子、西葫芦、牛肉马蹄丸翻炒半分钟，加适量水后再倒入淘好的大米、糙米。

4. 水烧开后关火，所有食材全部倒入宝宝炖锅中，慢火炖 2 小时即可。吃之前可撒上葱花及海苔，另外根据宝宝情况酌情加调味料。

洋芋擦擦

材料

洋芋（土豆）200g，彩椒15g，四季豆15g，面粉100g，牛肉20g，洋葱15g，蒜蓉少许

做法

1. 洋芋去皮洗净，用大号擦丝器将其擦成较粗的洋芋丝，四季豆、彩椒切丝，牛肉加少许清水剁成肉泥。

2. 抓取面粉均匀地撒在洋芋丝上，避免其粘连。

3. 静置10分钟使面粉和洋芋丝更好地贴合，然后将其用大火蒸20分钟。蒸好后用筷子挑散，使其尽量没有结块。这就是洋芋擦擦。

4. 锅中倒少许油烧热，放蒜蓉炒香，陆续放入洋葱、四季豆丝、牛肉泥炒熟。随后取适量洋芋擦擦放入锅中，稍微翻炒半分钟，出锅前放入彩椒丝。

Tips

1. 洋芋属于高淀粉类食物，这道辅食既可算主食又算配菜，宝宝吃了后，可适当减少其他食物的分量。

2. 洋芋擦擦有些干，注意搭配营养汤类。

3. 这又是一道芒果妈家乡的小吃，也是一道非常健康的食谱，改造一下同样适合作为宝宝辅食。

三文鱼煎饭饼

材料

三文鱼 50g，鸡蛋 1 个，米饭 100g，香葱 10g，奶酪 20g，豌豆 20g，盐少许

做法

1. 三文鱼切小丁，鸡蛋打散，奶酪刮丝。

2. 取一干净碗，放入米饭、三文鱼丁、豌豆、葱花、奶酪，再加入蛋液和少许盐用筷子拌匀。

3. 不粘锅加入适量油烧热，倒入拌匀的蛋液米饭，用锅铲压平整，再用小火煎至底部蛋液凝固。

4. 顺着锅边加入刚好没过锅底的清水，加盖焖煮。

5. 锅内水快干时开盖，如果蛋液全部凝固，三文鱼颜色变粉红、不透明则说明熟了，关火出锅。

Tips

1. 各种配料食材均可根据宝宝口味自行调整。
2. 可切成小块作为宝宝的手指食物。

鱼皮玉米蒸饺

材料

三文鱼 50g，面粉 150g，
清水 40g，玉米粒 40g，
瘦肉 20g，洋葱 20g

做法

1. 三文鱼洗净后加入清水，用料理机处理成鱼浆，再用鱼浆和面。参考第三章"手擀面条"中面团的做法做成三文鱼面团。

2. 将面团擀成薄面片。

3. 用圆形模具或杯子压出圆形饺子皮。

4. 洋葱切碎末，肉剁成肉泥，将玉米粒、洋葱、肉末放入饺子皮，并将饺子皮边缘捏紧粘牢。

5. 将包好的饺子用大火蒸 20 分钟即可。

Tips

蒸饺皮一般需要用温水或热水烫面制作，这样饺子皮才会柔软，筋度小，易蒸熟，成品口感细腻软糯且呈半透明状。而用鱼浆和面无需热水也能达到上述效果，同时提高了蒸饺的营养价值。

香煎毛豆鱼饼蝴蝶粉

材料

三文鱼 30g，毛豆 10g，
洋葱 10g，生菜 20g，南
瓜 30g，蝴蝶意粉 30g，
面粉 1 小勺

做法

1. 三文鱼、毛豆、洋葱、
面粉一同放入料理机打成
细腻的泥。

2. 生菜在开水中焯后切
丝。南瓜放微波炉中加热
3 分钟后取出压成泥。

3. 锅内倒少许油烧热，
将鱼肉毛豆泥压成饼状，
用小火煎，待其底部凝固
后，顺着锅边倒入少许水，
加盖焖煮，等到水分快干，
肉饼也熟了，可在出锅前
洒几滴酱油。

4. 蝴蝶意粉提前用冷水
浸泡 1 小时，再下入开
水中煮熟，捞出与南瓜泥
拌匀，搭配毛豆鱼饼食用。

Tips

用毛豆和三文鱼打成泥后再做成鱼饼，鱼腥味会减
弱很多哦。

肉末豆腐紫米团

材料

紫米大米杂粮饭 50g，豆腐 20g，瘦肉 30g

做法

1. 将紫米与大米混合煮成杂粮饭，取适量待用。

2. 豆腐切丁，瘦肉剁成泥，将豆腐，肉泥和杂粮饭混合搅拌均匀。

3. 左手取一片保鲜膜，取一勺混合米饭放在其上，收紧边缘使其呈球形，再多捏几下使米饭球变得紧凑。

4. 全部捏完后，将捏好的饭团，用大火蒸 15 分钟。吃时可以搭配番茄酱或菜汤等。

肝粒青酱通心粉

材料

鸡肝 20g，幼弯通心粉 30g，番茄 10g，洋葱粒 10g，木耳菜 10g，宝宝奶酪 10g

做法

1. 鸡肝用冷水浸泡半小时后用流水充分清洗，处理干净后用滚水焯煮去掉血沫，捞出沥干切成碎粒。

2. 通心粉提前用冷水浸泡 10 分钟，放入加了橄榄油的滚水中煮软，捞出沥干备用。洋葱、木耳菜切成碎末。

3. 锅内放奶酪加少许水用小火加热，等其变浓稠后放木耳菜碎拌匀，当木耳菜变色即成青酱。

4. 锅内倒少许油，放入洋葱粒炒香，随即放入鸡肝粒和番茄碎翻炒 1 分钟后加入少量清水，用小火炖煮。煮 5~8 分钟后肝粒完全熟透即关火。

5. 将青酱、洋葱鸡肝粒、通心粉混合拌匀就可以食用。

 Tips

1. 正宗青酱意面是用新鲜罗勒叶制作，我只有干的做不出绿色效果，所以用木耳菜代替，其他绿叶蔬菜也行。

2. 鸡肝处理成小颗粒，可以让宝宝练习咀嚼又不会被卡到，加入洋葱、奶酪可去腥。

3. 木耳菜柔软鲜嫩，维生素丰富，非常适合宝宝食用。

4. 小月龄宝宝可以用配方奶代替奶酪。

丝瓜牛柳盖浇饭

材料

丝瓜 30g，胡萝卜 20g，
牛里脊 30g，洋葱 20g，
玉米、燕麦、大米各 50g

做法

1. 将玉米、燕麦、大米
混合，煮成杂粮饭，并取
适量备用，丝瓜、胡萝卜
切丁，牛里脊、洋葱切丝。

2. 锅内倒少许油烧热，
放入洋葱炒香，再陆续放
入胡萝卜丁、丝瓜丁、牛
肉丝（用藕粉勾芡）煸炒。

3. 加入少许清水，用小
火焖煮至收汁即关火。

4. 将玉米燕麦杂粮饭与
焖煮好的丝瓜、牛柳、胡
萝卜、洋葱等一起食用。

Tips

1. 牛肉用藕粉勾芡后，口感嫩滑，易嚼。
2. 可根据宝宝情况酌情添加调味料。

翠玉豆腐虾滑蛋

材料

豆腐 50g，木耳菜 40g，虾仁 20g，鸡蛋 1 个，小番茄 20g，淀粉 3g

做法

1. 豆腐与木耳菜用料理机打成糊状，加入淀粉，倒进模具，大火蒸 15 分钟，等晾凉后脱模切丁。

2. 鸡蛋打散，番茄切片。

3. 锅里倒少许油烧热，放入虾仁煎半分钟后倒入蛋液，等蛋液膨胀后用铲子轻推，使鸡蛋虾仁凝固在一起。

4. 锅放入番茄片及豆腐丁翻炒半分钟，根据宝宝情况酌情撒入少许盐，搅拌均匀关火。

鱼汤木须肉

材料

萝卜鲫鱼汤 50g，泡发后的木耳 5g，鸡蛋 1 个，速冻鸡肉丸 30g，泡发后的香菇 5g，葱花少许

做法

1. 提前熬好萝卜鲫鱼汤，用过滤勺滤去鱼刺等杂质，萝卜挑出备用。

2. 木耳切成碎丁，鸡肉和香菇切丝，鸡蛋打散，鸡肉丸提前解冻。

3. 锅里倒少许油烧热，倒入蛋液炒成蛋花，陆续放入木耳丝、香菇丝。

4. 倒入萝卜鲫鱼汤及萝卜、鸡肉丸，续煮 5 分钟直至汤汁减少，放入葱花关火。

芝士鱼肉蛋

材料

水煮蛋1个，三文鱼 30g，去皮马蹄10g，洋葱10g，面粉1小勺

做法

1. 水煮蛋切开成两半，小心移除蛋黄留下蛋白待用。

2. 取洋葱、马蹄与三文鱼一起剁成泥，再拌入1小勺面粉，滴几滴香油搅拌均匀。

3. 用勺子将混合鱼泥填入蛋白，中间要抹平。

4. 上锅，用大火蒸10~12分钟就可以食用。多余的肉泥可以装入模具或压成饼，蒸或煎着吃味道都不错。

Tips

1. 三文鱼可以用其他无刺或少刺的鱼肉代替。
2. 若制作的肉泥较稠，可加少许清水稀释。
3. 蔬菜可随意搭配，换成山药和胡萝卜口感会更加松软，但要注意其与鱼肉的比例。

三文鱼土豆沙拉

材料

三文鱼 30g，土豆 100g，速冻玉米粒 15g，小番茄 20g，紫甘蓝 5g，生菜 10g，西兰花 10g

做法

1. 小番茄、生菜、紫甘蓝洗净，在开水中迅速焯一下捞出，番茄去皮切片，生菜、紫甘蓝切丝，西兰花、玉米粒也在开水中焯熟，西兰花切碎。

2. 土豆洗净切小丁，在微波炉中加热 4~5 分钟或用蒸锅蒸熟，压成颗粒状的土豆泥。

3. 三文鱼放在平底锅中用少许油煎熟，压成碎丁。

4. 所有材料混合，浇上蛋黄酱搅拌均匀。

Tips

蛋黄酱可参照第三章蛋黄酱的做法制作。

虾皮蘑菇蛋饼

材料

鸡蛋 1 个，口蘑 1~2 个，
葱花适量，小虾米或虾皮
1 小把

做法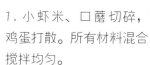

1. 小虾米、口蘑切碎，
鸡蛋打散。所有材料混合
搅拌均匀。

2. 不粘锅放入适量油烧
热，倒入混合蛋液并迅速
晃动煎锅使蛋液均匀摊成
饼状，这时调成小火。

3. 大约半分钟蛋饼底部
就凝固了并可以滑动，此
时向锅内倒入少量的水，
并加盖焖煮。

4. 水快焖干时关火。稍
微晾凉后切成合适形状。

 Tips

口蘑也可用其他菌类代替，如香菇、鸡腿菇、海鲜菇等，
但最好先用滚水焯熟再使用。

银针摊蛋饼

材料

木耳菜 20g，金针菇 30g，鸡蛋 1 个，葱花少许

做法

1. 木耳菜洗净切碎，金针菇洗净去根切碎，鸡蛋打散。

2. 取干净碗，倒入所有材料混合均匀。

3. 锅中倒适量油烧热，将混合蛋液轻轻倒入锅内，转动锅使蛋液摊成蛋饼。

4. 蛋饼底部一旦凝固就顺锅边倒入少许清水，加盖用小火将蛋饼焖熟。可根据宝宝情况酌情加少许盐。

奶油紫薯浓汤

材料

杂粮面粉（黑麦面粉＋玉米面）20g，蒸熟的紫薯 30g，牛奶 200ml

做法

1. 紫薯压成泥状，用牛奶调匀。

2. 锅用小火烧热，放入面粉炒至微黄，可以闻到面粉炒熟的香味。

3. 将紫薯牛奶糊慢慢倒入锅内，一边快速搅拌，防止面粉结块。

3. 煮开即可关火。

Tips

可将紫薯换成其他食材，都可做出好喝的浓汤。

芙蓉丸子汤

材料

鹌鹑蛋 2 个，荷兰豆 15g，小番茄 20g，葱花少许，鸡肉丸 25g

做法

1. 鹌鹑蛋煮熟，剥壳切成两半备用。

2. 锅内加清水，然后滴几滴橄榄油，再放入荷兰豆，煮开后放入鸡肉丸和番茄片。

3. 荷兰豆煮软煮熟后，放入鹌鹑蛋和葱花即关火。

Tips

1. 鸡肉丸参考第三章"口感嫩滑的芙蓉丸子"的做法制作。

2. 可以滴几滴芝麻油，也可根据宝宝月龄酌情加盐调味。

鹰嘴豆杂粮粥

材料

鹰嘴豆 10g，小扁豆 10g，燕麦仁 10 个，小米 50g，大米 50g

做法

1. 所有材料用水浸泡一夜。

2. 沥干食材水分后，加适量水，用高压锅煮 1 个小时即可。

 Tips

1. 鹰嘴豆营养丰富有利于对儿童智力发育和骨骼生长。

2. 小扁豆营养价值很高，和大多数豆类比起来热量也较低。

虾米豆腐燕麦粥

材料

干虾米 3~5g，豆腐 15g，燕麦片 30g，彩椒 20g，小番茄 20g，葱花少许

做法

1. 干虾米洗净切碎，豆腐切丁，彩椒切丁，小番茄切片。

2. 锅内放入一碗半清水煮开，放入燕麦片、干虾米、豆腐、小番茄一同煮。

3. 煮开后续煮 2 分钟使燕麦变得黏稠，关火前放入彩椒丁、葱花，滴几滴香油。根据宝宝情况酌情加盐。

木瓜牛奶红豆粥

材料

木瓜 30g，红豆 30g，牛奶 150ml，软米饭 30g

做法

1. 用红豆加水在高压锅中熬成红豆沙，取出适量备用。木瓜去皮切块，软米饭提前煮好。

2. 牛奶、软米饭、红豆沙、木瓜混合均匀，一起放在锅中用小火加热，等其沸腾即可关火。

红枣甜甜圈蛋糕

材料

低筋面粉 40g，牛奶 40ml，
冻干红枣粉 2 勺（或用红枣
泥 20g 代替），鸡蛋 2 个

做法

1. 分离蛋清和蛋黄，将
蛋清置于无油、无水的干
净盆中待用。

2. 将蛋黄打散，加入红
枣粉搅拌均匀。

3. 将牛奶加入蛋黄糊中，
筛入低筋面粉搅拌均匀成
为稠面糊。

4. 将蛋清打发至硬性发
泡，取 1/3 放入面糊中以
翻拌的手法搅拌均匀。

5. 将稠面糊全部倒入剩
下的蛋清中翻拌均匀。

6. 将拌好的面糊装入模
具，轻振模具以走气泡。

7. 烤箱预热 180℃，上
下火烤 15 分钟即可。

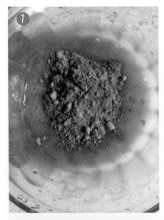

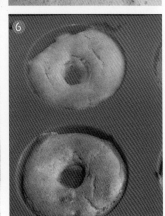

草莓布丁

材料

鸡蛋1个，牛奶100ml，草莓60g，木糖醇5g

做法

1. 鸡蛋打入碗中使其成均匀的蛋液，草莓切丁。

2. 牛奶、木糖醇放入奶锅中，用小火煮至60℃~70℃，待木糖醇完全溶解后即关火。

3. 将牛奶倒入蛋液碗中拌匀，再用过滤勺过滤杂质后倒入小碗或模具。

4. 所有食材放入蒸锅用大火蒸10分钟，关火后不要立即开盖，可焖2~3分钟再取出食用。

时蔬鳕鱼糕

材料

鸡蛋 3 个，鳕鱼 100g，面粉 20g，清水 40ml，马蹄 3 个，洋葱 20g

做法

1. 鳕鱼去皮去骨，加入清水用料理机打成鱼浆，马蹄去皮，鸡蛋打散。

2. 将鸡蛋、面粉、鱼浆、马蹄、洋葱混合均匀。

3. 将搅拌好的混合物倒入容器或硅胶模具中。

4. 用大火蒸 20 分钟关火，等其稍冷却后脱模，切块食用。

Tips

1. 鳕鱼可用其他鱼代替。
2. 蔬菜类食材可以替换成宝宝喜欢的口味。

蓝莓酱华夫饼

材料

低筋面粉 60g，牛奶 65ml，黄油 30g，蛋黄 30g，蛋白 60g，白砂糖 10g，蓝莓 1 杯，宝宝芝士 1 片

做法

1. 黄油放入微波炉加热 1~2 分钟直至化为液态。

2. 取干净盆放入牛奶、液态黄油、面粉搅拌成均匀的蛋黄面糊。

3. 蛋清用打蛋器搅打至出现粗泡时放入 1/3 白糖，剩余白糖分 2 次加入蛋清，打至 9 分发（即蛋清霜细致顺滑，打蛋器捞起后不滴落并且有小弯钩的状态）。

4. 取 1/3 蛋清霜加入蛋黄面糊，用橡皮刮刀翻拌均匀。

5. 将上步中获取的食材倒入剩余的蛋清霜内，用刮刀轻轻翻拌均匀成较稀的面糊状。

6. 华夫饼模具置于火上预热，用刷子在模具内部均匀涂一层油。

7. 取适量面糊放入模具内盖上盖，双面翻动用中小火加热，中途不要打开，以防已膨胀的饼遇冷收缩。

8. 蒸汽减少时华夫饼基本就好了，喜欢吃脆的就多加热一会。

9. 蓝莓用面粉水洗净沥干倒入平底锅内。

10. 加适量清水以没过蓝莓为宜，用中小火加热，在加热过程中蓝莓会爆开。

11. 汤汁煮至芝麻酱稠度时关火。放入奶酪，利用蓝莓酱的余温将奶酪溶化，再搅拌均匀。

12. 将蓝莓酱淋在华夫饼上就可以食用啦。

🌱 Tips

1. 即食果酱现吃现做，制作方法简单不添加任何糖类，水果本身的甜度也可以满足宝宝需求。

2. 因为没有加糖和防腐剂，做好的果酱尽量当天吃完，也可放入冰箱密封保存 1~2 天。

3. 蓝莓也可换成其他水果，但煮之前需切成小丁或打成果泥。

香甜奶油玉米棒

材料

熟玉米棒1个，牛奶300ml，黄油10g

做法

1. 锅内放入所有材料，等牛奶煮开后，改小火煮大约5分钟。

2. 煮玉米棒剩下的牛奶充满玉米清香，也十分美味。

图书在版编目（ＣＩＰ）数据

宝宝，吃辅食啦 / 芒小果MAMA 著. -- 长沙 ：湖南
科学技术出版社，2014.8
ISBN 978-7-5357-8249-6

Ⅰ．①宝… Ⅱ．①芒… Ⅲ．①婴幼儿—食谱 Ⅳ.①TS
972.162

中国版本图书馆CIP 数据核字(2014)第 138113 号

宝宝，吃辅食啦

著　　者：芒小果MAMA
责任编辑：李　霞　王舒欣
出版发行：湖南科学技术出版社
社　　址：长沙市湘雅路 276 号
　　　　　http://www.hnstp.com
湖南科学技术出版社天猫旗舰店网址：
　　　　　http://hnkjcbs.tmall.com
邮购联系：本社直销科　0731-84375808
印　　刷：长沙超峰印刷有限公司
　　　　　（印装质量问题请直接与本厂联系）
厂　　址：宁乡县金洲新区泉洲北路 100 号
邮　　编：410600
出版日期：2017 年 4 月第 1 版第 10 次
开　　本：710mm×1000mm　1/16
印　　张：12.25
书　　号：ISBN 978-7-5357-8249-6
定　　价：48.00 元